Shuwasystem Business Guide Book　How-nual

最新 産廃処理の基本と仕組みがよ～くわかる本

処理委託と処理受託の定番マニュアル！

［第3版］

尾上　雅典 著

秀和システム

●注意
(1) 本書は著者が独自に調査した結果を出版したものです。
(2) 本書は内容について万全を期して作成いたしましたが、万一、ご不審な点や誤り、記載漏れなどお気付きの点がありましたら、出版元まで書面にてご連絡ください。
(3) 本書の内容に関して運用した結果の影響については、上記 (2) 項にかかわらず責任を負いかねます。あらかじめご了承ください。
(4) 本書の全部または一部について、出版元から文書による承諾を得ずに複製することは禁じられています。
(5) 本書に記載されているホームページのアドレスなどは、予告なく変更されることがあります。
(6) 商標
  本書に記載されている会社名、商品名などは一般に各社の商標または登録商標です。なお、本文中には™、®を明記しておりません。

はじめに

　最近、廃棄物の不法投棄などが発覚した際、その廃棄物の処理を業者に委託した、排出事業者自身の責任が問われるケースが増えています。常識的な感覚としては、「行政から許可を受けた処理業者に廃棄物を渡しているのに、なぜさらに責任を負わなくてはいけないのか？」と考えたくなりますが、「廃棄物処理法」では、「廃棄物の処理責任は、排出事業者にある」と定められていますので、排出事業者は処理責任から免れることはできません。

　近年は、環境問題や企業のCSRにも、大きな社会的関心が寄せられていますので、委託した産業廃棄物が不法投棄されてしまうと、「不法投棄に関与した会社」というイメージを持たれてしまい、企業活動にとって大きなマイナスとなっています。

　このようにお話しすると、排出事業者の責任というものは、途方もなく大きく、重いものに思えるかもしれません。しかし、やるべきことをやり、やってはいけないことはしないようにすれば、排出事業者の責任の重さをそれほど恐れる必要はありません。

　本書は、2008年1月に初版が出版されました。その後、2010年の廃棄物処理法改正を受け、2011年2月に第2版に改訂しました。そして、2017年に廃棄物処理法が再度改正されましたので、新たに増補改訂を行い、第3版を出版する運びとなりました。2017年改正では、「電子マニフェストの運用義務付け対象」の他、「同一企業グループによる産業廃棄物処理の特例」等、排出事業者にとっては規制の強化と緩和の両方が行われました。それらの新たな法令改正については第5章にまとめていますので、ご参照いただければ幸いです。

　本書は、産業廃棄物の基礎知識や、処理業者の選定方法、委託契約書や産業廃棄物管理票(マニフェスト)の運用方法など、産業廃棄物を処理する上で、理解しておくことが不可欠な内容を網羅していますので、本書に書かれている内容を実践していただければ、廃棄物の処理や委託に伴う不安の多くを解消することが可能です。

　本書を、産業廃棄物の処理に初めて携わる方の入門書として、あるいは、実務で何か問題があったときに参照しなおす座右の書として、幅広い読者の方に利用していただければ幸いに思います。

2018年7月
尾上雅典

図解入門

図解入門ビジネス
最新 産廃処理の基本と仕組みが
よ〜くわかる本 [第3版]

CONTENTS

はじめに 3

第1章 産業廃棄物とは

- 1-1 産業廃棄物ってどんなもの? 10
- 1-2 産業廃棄物にはどんな種類があるか 12
- 1-3 特別管理産業廃棄物とは 15
- 1-4 どのくらいの産業廃棄物が排出されているか 17
- 1-5 どのくらいの産業廃棄物が再生利用されているか 20
- **コラム** 信頼できる処理業者を教えて欲しい 22

第2章 産業廃棄物処理の流れをみてみよう

- 2-1 産業廃棄物処理の流れ 24
- 2-2 収集運搬 26
- 2-3 収集運搬に使われる車両 28
- 2-4 収集運搬に使われる容器 30
- 2-5 破砕施設 32
- 2-6 汚泥の脱水施設 34
- 2-7 焼却炉 36
- 2-8 選別機 38
- 2-9 油水分離施設 40
- 2-10 固化施設 42
- 2-11 溶融施設 44

2-12	最終処分施設	46
2-13	安定型最終処分場	48
2-14	遮断型最終処分場	50
2-15	管理型最終処分場	52
コラム	行政が立入検査に来たら	54

第3章 産業廃棄物はどう処理されているか

3-1	燃え殻とばいじんの処理方法	56
3-2	汚泥の処理方法	58
3-3	廃油の処理方法	60
3-4	廃酸・廃アルカリの処理方法	62
3-5	廃プラスチック類の処理方法	64
3-6	紙くずの処理方法	66
3-7	木くずの処理方法	68
3-8	繊維くずの処理方法	70
3-9	動植物性残さの処理方法	72
3-10	金属くずの処理方法	74
3-11	ガラスくず、コンクリートくずおよび陶磁器くずの処理方法	76
3-12	鉱さいの処理方法	78
3-13	がれき類の処理方法	80
3-14	感染性廃棄物の処理方法	82
3-15	アスベストの処理方法	84
3-16	PCB廃棄物の処理方法	86
コラム	産業廃棄物処理施設で事故が起こった！	88

第4章 産業廃棄物を適正処理するには

4-1	産業廃棄物の処理を委託するには	90
4-2	産業廃棄物の処理を委託するときのルール【委託基準】	92
4-3	処理業者と委託契約書を結ぶ	94
4-4	委託契約書にはどんなことを書くのか	96

4-5	排出事業者が行うべき情報提供	98
4-6	やってはいけない委託契約書の記載ミス	102
4-7	毎月処理費が変動する場合の委託契約書	104
4-8	再委託は禁止されている	106
4-9	委託契約の締結後に注意すること	108
4-10	適正処理のためにマニフェストを使う	110
4-11	なぜ、マニフェスト制度が導入されたのか	112
4-12	マニフェストにはどんなことを記入するのか	114
4-13	マニフェストの使い方①	116
4-14	マニフェストの使い方②	118
4-15	やってはいけないマニフェストの運用ミス	120
4-16	マニフェストを紛失したときの対応	122
4-17	電子マニフェストの仕組み	124
4-18	紙と電子のどちらがよいか!?	126
4-19	産業廃棄物処理業者がつける帳簿	128
4-20	産業廃棄物処理業者の帳簿の記載事項	130
4-21	排出事業者に帳簿が必要な場合もある	132
4-22	2010年度廃棄物処理法改正の概要	134
4-23	建設廃棄物の取り扱い	136
4-24	廃棄物保管場所の事前届出	138
4-25	マニフェスト交付後の注意点	140
コラム	廃棄物処理法違反が発覚したら	142

第5章 2017年度廃棄物処理法改正のポイント

5-1	2017年改正法の概要	144
5-2	電子マニフェストに関する法律改正	147
5-3	雑品スクラップの保管に関する規制	149
5-4	同一グループの企業に認められた特例	151
5-5	水銀廃棄物に関する法令改正の概要	154
5-6	水銀廃棄物管理の実務	159

第6章 処理業者選定のポイント

- 6-1 委託先処理業者の現地確認が義務となった ... 162
- 6-2 適切な処理業者を選定するためには ... 164
- 6-3 許可内容を確認しよう ... 166
- 6-4 行政処分歴の有無を確認しよう ... 168
- 6-5 処理フローは明確になっているか ... 170
- 6-6 事業場の様子をチェックしよう ... 172
- 6-7 情報公開の姿勢はどうか ... 174
- 6-8 処理業者の経営状況を分析しよう ... 176
- 6-9 近隣住民から評判を聞こう ... 178
- 6-10 優良産廃処理業者認定制度を利用しよう ... 180
- 6-11 委託先処理業者の危険な兆候とそれを見抜くための着眼点 ... 182
- コラム リサイクル偽装に注意！ ... 184

第7章 不法投棄の実態

- 7-1 不法投棄の現状はどうなっているか ... 186
- 7-2 どんな廃棄物が不法投棄されているか ... 188
- 7-3 不適正処理の実行者は誰か ... 190
- 7-4 不法投棄された廃棄物はどのように撤去されるのか ... 192
- 7-5 不法投棄された廃棄物はどのくらい残っているか ... 194
- 7-6 過去の大規模不法投棄事件をみる ... 196
- 7-7 どうして不法投棄が行われるのか ... 198
- 7-8 不法投棄を防ぐさまざまな手立て ... 200
- コラム 罰則をどう考えるか ... 202

第8章 数字でみる産業廃棄物処理業界

- 8-1 産業廃棄物処理業の許可件数は減少傾向 ... 204
- 8-2 許可取り消し件数の推移 ... 206
- 8-3 他産業に比べて高い労働災害の発生率 ... 208
- 8-4 最終処分量の減少で残存年数は改善 ... 210

8-5	処理方法は埋め立て、焼却からリサイクルへ	212
8-6	地球温暖化対策への取り組み	214
コラム	排出事業者に望まれていること	216

第9章 廃棄物処理とリサイクルの法律

9-1	環境基本法と循環型社会形成推進基本法	218
9-2	廃棄物処理法	220
9-3	バーゼル法	222
9-4	PCB特措法	224
9-5	資源有効利用促進法	226
9-6	容器包装リサイクル法	228
9-7	家電リサイクル法	230
9-8	建設リサイクル法	232
9-9	食品リサイクル法	234
9-10	自動車リサイクル法	236

資料 委託契約書など

資料1	[収集運搬用] 産業廃棄物処理委託契約書の例	240
資料2	[処分用] 産業廃棄物処理委託契約書の例	245
資料3	[収集運搬・処分用] 産業廃棄物処理委託契約書の例	250
資料4	再委託承諾願のサンプル(受託者●●から委託者に提出するもの)	255
資料5	再委託承諾書のサンプル(委託者から受託者●●への返事)	256

参考文献	257
索引	258

第1章

産業廃棄物とは

　産業廃棄物の不法投棄が社会問題となっています。産業廃棄物は、大企業や大規模な工場だけでなく、身近なさまざまな事業所からも排出されています。また、産業廃棄物は、きわめて種類が多く、処理の方法も多様です。

　ここでは、産業廃棄物の種類や、産業廃棄物の発生状況などについてみていきましょう。

1-1 産業廃棄物ってどんなもの？

廃棄物は、一般廃棄物と産業廃棄物の2つに分けることができます。一般廃棄物は市町村、産業廃棄物はそれを発生させた事業者に、それぞれの処理責任があります。

▶▶ 廃棄物とは

廃棄物とは、自分で利用したり他人に有償で売却できないために不要となった固形状または液状のものをいいます。廃棄物は、産業廃棄物と一般廃棄物に分類されます。

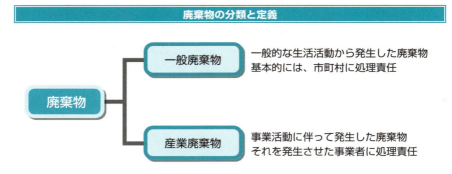

廃棄物の分類と定義

- 一般廃棄物：一般的な生活活動から発生した廃棄物　基本的には、市町村に処理責任
- 産業廃棄物：事業活動に伴って発生した廃棄物　それを発生させた事業者に処理責任

産業廃棄物とは、事業活動に伴って発生した廃棄物です。産業廃棄物は、それを発生させた事業者に処理責任があります。

一般廃棄物は、一般的な生活活動から発生した廃棄物です。一般廃棄物は、基本的には市町村に処理責任があります。

また、廃棄物の中には、毒性のあるものや、爆発性のものなど、取り扱いに厳重な注意を払うべき性質のものがあります。そういった特別に高いレベルの管理が必要な廃棄物のことを、特別管理廃棄物といいます。一般廃棄物と産業廃棄物の両方に特別管理廃棄物が存在します

1-1 産業廃棄物ってどんなもの？

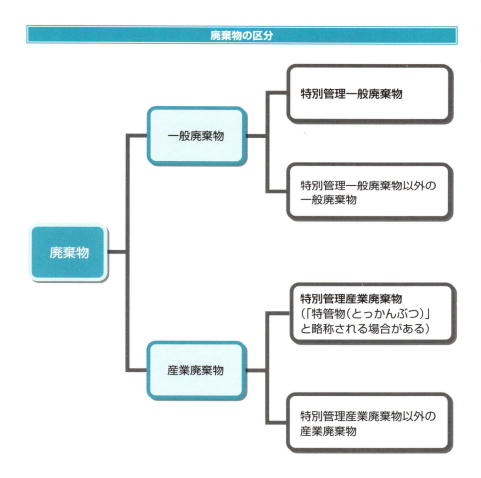

産業廃棄物ってどんなもの？

　たとえば、我々が日々の生活で普通に接している畳を考えてみましょう。住宅の解体工事を行った結果、工事現場から発生したもう使われない畳は、解体工事という事業で発生した廃棄物なので、産業廃棄物になります。

　我々が毎日その上で寝ている畳が、ある瞬間から産業廃棄物に早変わりしてしまうわけです。当然、この場合の畳は、解体工事に伴って発生しただけですので、有害でも、有毒でもありませんが、産業廃棄物になります。

1-2 産業廃棄物にはどんな種類があるか

産業廃棄物とは、事業活動に伴って発生した廃棄物のことです。産業廃棄物は全部で21種類あり、それ以外は、一般廃棄物になります。事業活動に伴って発生した廃棄物であっても、発生源が特定の業種に限定されるため、産業廃棄物にならない場合もあります。

▶▶ 産業廃棄物の種類

　産業廃棄物とは、事業活動に伴って発生した廃棄物のことです。産業廃棄物は、全部で21種類あります。産業廃棄物の具体例は、図のとおりです。たとえば、家屋の解体工事で発生した家の柱などは産業廃棄物の木くずに該当する、といった具合になります。産業廃棄物の具体例にあてはまる廃棄物は、すべて産業廃棄物になり、あてはまらない廃棄物は、一般廃棄物になります。

▶▶ 間違いやすい産業廃棄物

　産業廃棄物は事業活動に伴って発生した廃棄物ですが、事業活動に伴って発生した廃棄物がすべて産業廃棄物になるわけではありません。なぜなら、21種類の産業廃棄物のうち、**紙くず、木くず、繊維くず、動植物性残さ、動物系固形不要物、動物のふん尿、動物の死体**の7種類の産業廃棄物については、事業活動に伴って発生した廃棄物であっても、発生源が特定の業種に限定されるため、産業廃棄物にならない場合があるからです。

　発生源が特定の業種に限定される産業廃棄物のそれぞれの具体例は、14ページの図のとおりです。たとえば、一般的なオフィスビルで使用済みのメモ用紙が廃棄処分された場合を考えてみます。この場合、メモ用紙は、事業活動に伴って発生した廃棄物であるため、産業廃棄物の紙くずであるように思えます。しかし、一般的なオフィスでの事務作業は、建設業でも、パルプ製造業でもないため、使用済みメモ用紙は、産業廃棄物ではなく、一般廃棄物になります。

1-2 産業廃棄物にはどんな種類があるか

産業廃棄物の具体的な種類

種類	具体的な例
(1) 燃え殻	石炭がら、廃活性炭、産業廃棄物の焼却残灰・炉内掃出物など（集じん装置に捕捉されたものは、(19)ばいじんとして扱います）
(2) 汚泥	工場廃水など処理汚泥、各種製造業の製造工程で生じる泥状物、建設汚泥、下水道汚泥、浄水場汚泥 など
(3) 廃油	廃潤滑油、廃洗浄油、廃切削油、廃燃料油、廃溶剤、タールピッチ類など
(4) 廃酸	廃硫酸、廃塩酸などのすべての酸性廃液
(5) 廃アルカリ	廃ソーダ液などのすべてのアルカリ性廃液
(6) 廃プラスチック類	合成樹脂くず、合成繊維くず、合成ゴムくずなど、固形状および液状のすべての合成高分子系化合物
(7) 紙くず*	建設工事（工作物の新築、改築または除去など）から発生したもの パルプ、紙または紙加工品の製造業、新聞業、出版業、製本業、印刷物加工業から発生したもの PCBが塗布されまたは染み込んだもの（全業種）
(8) 木くず*	建設工事（工作物の新築、改築または除去など）から発生したもの 木材または木製品製造業、パルプ製造業、輸入木材卸売業から発生したもの PCBが染み込んだもの（全業種） ・貨物の流通のために使用したパレット（パレットへの貨物の積付けのために使用したこん包用の木材を含む）（全業種） ・物品賃貸業に係るもの（例：家具など）
(9) 繊維くず*	建設工事（工作物の新築、改築または除去など）から発生したもの 繊維工業（衣服その他の繊維製品製造業を除く）から発生したもの PCBが染み込んだもの（全業種）
(10) 動植物性残さ*	食料品製造業、医薬品製造業、香料製造業などで、原料として使用された動物性または植物性の固形状の不要物 発酵かす、パンくず、おから、コーヒーかす、その他の原料かすなど
(11) 動物系固形不要物*	と畜場で処分した獣畜、食鳥処理場で処理をした食鳥など
(12) ゴムくず	天然ゴムくず
(13) 金属くず	研磨くず、切削くず、金属スクラップなど
(14) ガラスくず、コンクリートくずおよび陶磁器くず	ガラスくず、耐火レンガくず、陶磁器くず、セメント製造くずなど
(15) 鉱さい	高炉、転炉、電気炉などのスラグ、キューポラのノロ、不良鉱石など
(16) 工作物の新築、改築または除去に伴って生じたコンクリートの破片その他これに類する不要物（通常、「がれき類」と略称されます）	コンクリート破片（セメント、アスファルト）、レンガの破片など
(17) 動物のふん尿*	畜産農業を営む過程で発生した動物のふん尿
(18) 動物の死体*	畜産農業を営む過程で発生した動物の死体
(19) ばいじん	ばい煙発生施設において発生するばいじんで、集じん施設によって集められたもの
(20) 産業廃棄物を処分するために処理したもの（「政令第2条第13号廃棄物」ともいいます）	産業廃棄物を処分するために処理したもので、(1)～(19)のそれぞれに該当しないもの コンクリート固化物、灰の溶融固化物など
(21) 輸入された廃棄物	国外から日本へ輸入された廃棄物（航行廃棄物と携帯廃棄物を除く）

＊は、特定の業種の事業所から排出されるものに限定されます。

1-2 産業廃棄物にはどんな種類があるか

　また、造園業者が発生させた剪定枝などは、造園業という事業活動によって発生した廃棄物です。しかし、造園業は、建設業でも、木製品製造業でも、パルプ製造業でもないため、メモ用紙と同様、剪定枝は産業廃棄物にはなりません。このように、7種類の産業廃棄物については、廃棄物の発生源が特定の業種でなければ、いくら事業活動に伴って発生した廃棄物であっても、産業廃棄物にならないのです。

業種限定がある産業廃棄物の具体例

産業廃棄物の種類	業種（発生源がこの業種にあてはまると、産業廃棄物になります）	具体例
紙くず	建設業（工作物の新築、改築または除去に伴って生じたものに限る）	壁紙、障子、板紙など
	パルプ、紙、紙加工の製造業 新聞業、出版業、製本業、印刷物加工業	印刷を失敗した紙、裁断くずなど
木くず	建設業（工作物の新築、改築または除去に伴って生じたものに限る）	柱など
	木材・木製品の製造業 パルプ製造業 輸入木材の卸売業	おがくず、木切れ、チップくずなど
繊維くず	建設業（工作物の新築、改築または除去に伴って生じたものに限る）	畳、じゅうたん、カーテンなど
	繊維工業（衣服その他の繊維製品製造業を除く）	綿くず、糸くず、木綿くずなど
動植物性残さ	食料品製造業＊、医薬品製造業、香料製造業	貝殻、魚の骨、魚のあら、しょうゆかす、大豆かす、豆腐かす、薬草かす、発酵かすなど
動物系固形不要物	と畜業、食鳥処理業	と畜場で処分した獣畜、食鳥処理場で処分した食鳥の固形状の不要物
動物のふん尿	畜産農業	牛、豚、馬、にわとりなどのふん尿
動物の死体	畜産農業	牛、豚、馬、にわとりなどの死体

＊飲食店から発生した食べ残しや調理くずは、一般廃棄物になります。

1-3 特別管理産業廃棄物とは

特別管理産業廃棄物とは、爆発性、毒性、感染性のある産業廃棄物のことです。引火性廃油、強酸、強アルカリ、感染性産業廃棄物、特定有害産業廃棄物（廃PCB、PCB汚染物、廃石綿、重金属を含むばいじん、汚泥など）などがあります。

▶▶ 特別管理産業廃棄物とは何か

特別管理産業廃棄物とは、爆発性、毒性、感染性のある産業廃棄物のことです。具体的には、引火性廃油、強酸、強アルカリ、感染性産業廃棄物、特定有害産業廃棄物（廃PCB、PCB汚染物、廃石綿、重金属を含むばいじん、汚泥など）などが特別管理産業廃棄物になります。特別管理産業廃棄物の具体的な種類と内容は、次ページの図のとおりです。

特別管理産業廃棄物は、取り扱い方法を間違えると、人の健康や生活環境に深刻な被害を与える可能性が高いため、一般的な産業廃棄物以上の厳格な管理が求められています。特別管理産業廃棄物は、「特別な管理が必要」な「産業廃棄物」という意味です。特別管理産業廃棄物という名称が長いため、「**特管物（とっかんぶつ）**」と呼ばれることもあります。また、特別管理産業廃棄物ではない産業廃棄物のことを、特別管理産業廃棄物と区別するため、「**普通産廃（ふつうさんぱい）**」と呼ぶ場合もあります。

特管物、普通産廃と書くと、まったく別の種類の廃棄物のようにみえますが、特別管理産業廃棄物は、特別な管理が必要な産業廃棄物というだけであり、産業廃棄物の一種です。

特別管理産業廃棄物は、1991年の廃棄物処理法改正で創設されました。1991年当時は、注射器の針などの危険な廃棄物の不法投棄が相次いでいたため、それらの廃棄物を適切に処理するための仕組みが必要となりました。そのため、1991年から特別管理産業廃棄物を処理する際には、産業廃棄物管理票（マニフェスト）の運用が義務付けられることになりました。

1-3 特別管理産業廃棄物とは

特別管理産業廃棄物の具体的な種類

種類	内容
(1) 廃油	揮発油類、灯油類、軽油類(タールピッチ類などを除く)
(2) 廃酸	著しい腐食性を有するもの(pH2.0以下のもの)
(3) 廃アルカリ	著しい腐食性を有するもの(pH12.5以上のもの)
(4) 感染性産業廃棄物*	病院、診療所、衛生検査所、介護老人保健施設などから発生した産業廃棄物のうち、感染性病原体が含まれる、または付着しているもの。実際には付着していなくても、そのおそれがある場合も感染性産業廃棄物として扱います。
(5) 特定有害産業廃棄物	
廃PCBなど	廃PCB(原液)およびPCBを含む廃油
PCB汚染物	1. PCBが塗布された紙くず 2. PCBが染み込んだ汚泥、紙くず、木くず、繊維くず 3. PCBが付着または封入された廃プラスチック類、金属くず 4. PCBが付着した陶磁器くず、がれき類
PCB処理物	廃PCBなどまたはPCB汚染物の処理物で一定濃度以上PCBを含むもの
廃水銀等	①特定の施設において生じた廃水銀等* ②水銀若しくはその化合物が含まれている産業廃棄物又は水銀使用製品が産業廃棄物となったものから回収した廃水銀
指定下水汚泥	重金属などを一定濃度以上含むもの
鉱さい	重金属などを一定濃度以上含むもの
廃石綿など	1. 建築物から除去した、飛散性の吹き付け石綿、石綿含有保温材など 2. 石綿の除去工事に用いられ、廃棄されたプラスチックシート、防じんマスクなど 3. 大気汚染防止法の、特定粉じん発生施設において生じたものであって、集じん装置で集められた飛散性の石綿など
ばいじんまたは燃え殻*	重金属などおよびダイオキシン類を一定濃度以上含むもの
廃油*	有機塩素化合物などを含むもの
汚泥、廃酸または廃アルカリ*	重金属、有機塩素化合物、PCB、農薬、セレン、ダイオキシン類などを一定濃度以上含むもの

注 上記の廃棄物を処分するために処理したものも特別管理産業廃棄物になります。
＊ 排出元の施設限定があります。

1-4 どのくらいの産業廃棄物が排出されているか

日本の1年間の産業廃棄物排出量は、約3億9,000万トンです。種類別にみると、汚泥、動物のふん尿、がれき類の3種類だけで、産業廃棄物全体の排出量の約8割を占めます。

▶▶ 産業廃棄物の排出状況

　日本では、1年間にどれほど産業廃棄物が発生しているかを見てみましょう。日本で1年間に発生する産業廃棄物の量は、約3億9,000万トンです。環境省の調査によると、2015年度における全国の産業廃棄物の**総排出量**は約3億9,100万トンとなっています。産業廃棄物の排出（＝発生）量は、1996年度をピークに減少し続けていましたが、2003年度から2005年度まで増加に転じました。2006年度以降は、年度によって多少の増減はあるものの、3億8,000万トンから3億9,000万トンのあたりで推移しています。

産業廃棄物排出量の推移＊

※1996年度より排出量の推計方法が一部変更されている。1996年度及びそれ以降の排出量は、「廃棄物の減量化の目標量」（平成11年9月28日政府決定）と同じ前提条件で算出されている。

＊…排出量：環境省「産業廃棄物の排出及び処理状況等（平成27年度実績）」より。

1-4 どのくらいの産業廃棄物が排出されているか

▶▶ 種類別、業種別、地域別の産業廃棄物の排出量

2015年度における産業廃棄物の排出量を**種類別**にみると、汚泥の排出量が最も多く、43.3％（169,318,000トン）にも達しています。これに次いで、動物のふん尿20.6％（80,512,000トン）、がれき類16.4％（64,212,000トン）となっています。これらの上位3種類の排出量が総排出量の8割を占めています。

2015年度における産業廃棄物の排出量を**業種別**にみると、排出量の最も多い業種が電気・ガス・熱供給・水道業の25.7％（100,543,000トン）、建設業20.9％（81,845,000トン）、農業20.7％（80,949,000トン）、となっています。この上位3業種で総排出量の約6割を占めています。

2015年度における産業廃棄物の排出量を**排出地域別**に見ると、関東地方が26.6％（104,056,000トン）ともっとも排出量が多く、関東地方だけで、日本の全産業廃棄物の四分の一以上にあたる量を排出しています。関東地方に中部地方15.7％（61,327,000トン）と近畿地方14.1％（55,360,000トン）を合わせた地域からの排出量が全体の約6割を占めています。

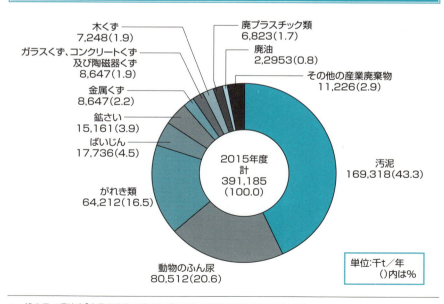

2015年度の産業廃棄物の種類別排出量＊

＊…**排出量**：環境省「産業廃棄物の排出及び処理状況等（平成27年度実績）」より。

1-4 どのくらいの産業廃棄物が排出されているか

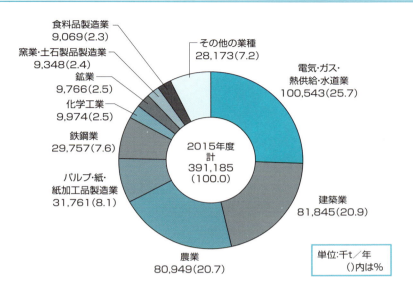

2015年度の産業廃棄物の業種別排出量*

- 食料品製造業 9,069（2.3）
- 窯業・土石製品製造業 9,348（2.4）
- 鉱業 9,766（2.5）
- 化学工業 9,974（2.5）
- 鉄鋼業 29,757（7.6）
- パルプ・紙・紙加工品製造業 31,761（8.1）
- 農業 80,949（20.7）
- 建築業 81,845（20.9）
- 電気・ガス・熱供給・水道業 100,543（25.7）
- その他の業種 28,173（7.2）
- 2015年度計 391,185（100.0）

単位：千t／年　()内は％

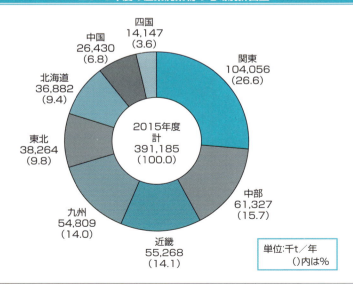

2015年度の産業廃棄物の地域別排出量*

- 四国 14,147（3.6）
- 中国 26,430（6.8）
- 北海道 36,882（9.4）
- 東北 38,264（9.8）
- 九州 54,809（14.0）
- 近畿 55,268（14.1）
- 中部 61,327（15.7）
- 関東 104,056（26.6）
- 2015年度計 391,185（100.0）

単位：千t／年　()内は％

＊…排出量：環境省「産業廃棄物の排出及び処理状況等（平成27年度実績）」より。

1-5 どのくらいの産業廃棄物が再生利用されているか

排出された産業廃棄物は、その半分以上が再生利用されています。最終処分されるのは、当初の排出量の数パーセントにしかすぎません。

▶▶ 産業廃棄物の処理フロー

産業廃棄物は1年間で約3億9,000万トンも発生しますが、そのすべてが埋め立てられたり、燃やされたりするわけではありません。最終的に地中などに埋められる（最終処分される）産業廃棄物の量は、排出量と比較すると、たったの数パーセントにしかすぎません。

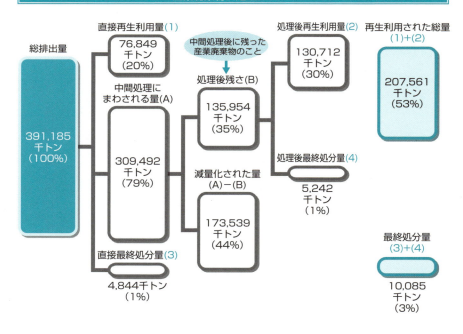

産業廃棄物の処理フロー*

＊…処理フロー：環境省「産業廃棄物の排出及び処理状況等（平成27年度実績）」を基に作成。

1-5 どのくらいの産業廃棄物が再生利用されているか

排出された産業廃棄物は、まず中間処理を経て、排出された時の半分以下まで減量されます。そこからさらに再生利用にまわされる分がありますので、最終的に埋められる産業廃棄物の量は、排出時点の量と比較すると、たいへん少なくなります。

▶▶ 産業廃棄物処理量の推移

1997年度以降、最終処分される産業廃棄物の量は着実に減少しています。それとは逆に、再生利用される産業廃棄物の量は年々増加しています。この傾向は、廃棄物の資源としての有効利用が社会に浸透してきた成果と考えてもよいでしょう。しかしながら、再利用できない、あるいは再利用に著しいエネルギー・コストが必要な産業廃棄物がたくさんありますので、埋め立てなどの最終処分はまだまだ欠くべからざる手段です。

産業廃棄物の再生利用量、減量化量、最終処分量の推移*

※1996年度より排出量の推計方法が一部変更されている。1996年度及びそれ以降の排出量は、「廃棄物の減量化の目標量」(平成11年9月28日政府決定)と同じ前提条件で算出されている。

＊…の推移：環境省「産業廃棄物の排出及び処理状況等（平成27年度実績）」より。

信頼できる処理業者を教えて欲しい

　排出事業者にとって信頼できる産業廃棄物処理業者を見つけ出すには、どうすれば良いのでしょうか？　行政に産業廃棄物処理業者の紹介を頼んでも、それがかなうことはまずありません。行政には、「公平と中立の原則」がありますので、安易に特定の処理業者を紹介することができないからです。

　結局のところ、排出事業者に、「産業廃棄物の処理責任」という、非常に重い法律的な責任がある以上、どの産業廃棄物処理業者と付き合っていくかを決めるのは、その排出事業者自身の責任となります。そのため、信頼できる処理業者を見つけるためには、「誰かに教えて欲しい」という他人頼みの姿勢ではなく、自らの力で業者を選ぶ目を磨く必要があります。

　排出事業者にとって、優良な処理業者の存在は大きな安心につながります。もし、身近に適切な処理業者が見当たらないのであれば、「探す」のではなく、「優良な処理業者を育成する」という発想の転換を試してみる価値があります。「無いのであれば、育てる」のも、立派な長期的戦略です。

　処理業者の情報を集めたい場合、「同業他社と情報交換してみる」ことも有効です。同業他社の産業廃棄物を処理した実績を持つ処理業者は、同業種の自社の産業廃棄物も適切に処理できるからです。最終的には、自社で業者の信頼性について判断するべきですが、同業種の廃棄物を処理した実績から、少なくとも、廃棄物処理の技術上の問題についてはクリアしていることが明らかです。また、産業廃棄物処理業者にとっても、同業種の産業廃棄物を処理することで、その業種の産業廃棄物に対する最適な処理技術がわかりますので、大きなメリットがあると言えます。

　場合によっては、同業種の企業が団結し、その業界に最適な産業廃棄物処理施設を設置することも可能です。国も、製造事業者などに対し、製品の広域的なリサイクルが進むよう、「産業廃棄物広域認定制度」などの法制度面で、支援をしているところです。

第2章
産業廃棄物処理の流れをみてみよう

　産業廃棄物処理は、①収集運搬、②中間処理、③最終処分の3つの工程からなります。収集運搬では、排出事業所から出た産業廃棄物の性状を変えることなく中間処理施設や最終処分場などへ運びます。中間処理では、廃棄物を減量・減容化、安定化、無害化、資源化します。最終処分では、廃棄物を最終的に処分するために埋め立て処分や隔離保管します。

　この章では、産業廃棄物処理の3つの過程で、産業廃棄物がどのように処理されているかをみていきましょう。

2-1
産業廃棄物処理の流れ

　排出事業者から発生した産業廃棄物は、①収集運搬、②中間処理、③最終処分といった工程を経て、環境に悪影響を与えない方法で処分されます。1年間に発生する産業廃棄物のうち最終処分されるのは、年間発生量の5％しかありません。

▶▶ 排出された産業廃棄物は？

　産業廃棄物処理は、①収集運搬、②中間処理、③最終処分の3つの工程からなります。産業廃棄物は、排出場所から、適切に産業廃棄物を処分できる場所まで運搬する必要があります。この運搬と、産業廃棄物処理業者が産業廃棄物の収集に回ることを総称して、**収集運搬**と呼びます。収集運搬は、産業廃棄物の発生場所と、それを処理すべき施設との間で、車や船舶、鉄道などによって行われています。

　産業廃棄物は、最終処分あるいはリサイクルしやすくするために、産業廃棄物の大きさを小さく（減容）したり、再利用できるものを取り分け（選別）たりすることが必要となります。このように、産業廃棄物に対して物理的、あるいは化学的なエネルギーを加え、産業廃棄物の状態を変化させることを**中間処理**と呼びます。中間処理には、産業廃棄物の減容を主な目的とする破砕や焼却、産業廃棄物の無害化を行う中和や溶融など、いろいろな処理技術があります。

　中間処理には、最終処分やリサイクルのための前処理という、重要な目的があります。中間処理をすることによって、産業廃棄物の全発生量の約半分が、再利用可能な資源に生まれ変わっています。

　産業廃棄物の終着点は最終処分場です。**最終処分場**とは、産業廃棄物を埋める場所のことです。最終処分場は、土の中の微生物などの働きによって、埋め立てた産業廃棄物を分解し、土に返すことを目的としています。産業廃棄物をそれ以上変化せず、周囲の環境にも影響を及ぼさない状態にすることを、**安定化**といいます。

最終処分は年間発生量の3％

産業廃棄物は年間約3億9,000万トン発生していますが、全量がそのまま最終処分されているわけではありません。1年間に中間処理される産業廃棄物の量は約3億トンと、1年間に発生する産業廃棄物の約79％が中間処理に回されています。実際に最終処分に回される産業廃棄物の量は、約1,008万トンに過ぎません。最終処分される産業廃棄物は、年間発生量のわずか3％しかありません。

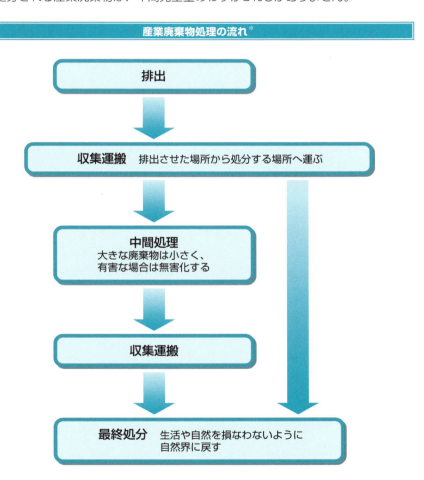

＊…の流れ：全国産業廃棄物連合会「産業廃棄物ガイドブック」より。

2-2 収集運搬

　収集運搬では、排出事業所から出た産業廃棄物の性状を変えることなく中間処理施設や最終処分場などへ運びます。運搬にはトラックなどの車両が使用されますが、船舶、鉄道などを使用する場合もあります。

▶▶ 収集運搬の大切な役割

　収集運搬とは、排出事業者と産業廃棄物処理業者、あるいは産業廃棄物処理業者と産業廃棄物処理業者の間で、産業廃棄物を実際に動かすことです。収集運搬が機能しなくなると、産業廃棄物を動かすことは不可能となります。収集運搬は、産業廃棄物処理システムの中で、体の器官に例えると、血管に相当する重要な役割を担っています。

　収集運搬は、産業廃棄物を外部に飛散・流出させることなく、目的地まで無事に運搬させることが必要ですので、産業廃棄物の具体的な性状に応じて、最適な運搬車両や運搬容器が選択されています。

　たとえば、廃油や廃酸・廃アルカリなどの液状の産業廃棄物の場合は、**ドラム缶**などの運搬容器に収納するか、**タンクローリー**などの液体専用の運搬車両などに直接収納した状態で、運搬が行われています。

　コンクリートの塊などは、そのままトラックの荷台に積載して運搬ができますが、塊が大きいため、**深ボディ車**と呼ばれる、荷台を通常より深くしたダンプで運搬されることがあります。

　ばいじんなどの粉状の産業廃棄物の場合は、そのままの状態で運搬することはできませんので、**フレキシブル・コンテナ**などの、中間処理施設や最終処分場に直接投入できる保管容器に入れて、運搬されています。

産業廃棄物の収集運搬はトラックが中心

国土交通省の調査によると、2007年度の不用物（廃棄物よりも少し意味が広くなります）の輸送機関シェアは、重量ベースでみると、第1位がトラックで、全体の98.5％を占めていました。第2位が船舶で、全体の1.5％でした。近年、二酸化炭素の削減を目的として、産業廃棄物の運搬面でも、トラック運送から船舶や鉄道へのシフト（モーダルシフト）が進められつつありますが、2007年度の調査結果をみるかぎりでは、モーダルシフトへの道のりはまだまだ遠いようです。

産業廃棄物の運搬面で、ここまでトラック運搬が普及している理由としては、どこにでも行ける、運用コストが比較的安いというトラックの利便性をあげることができます。その一方で、トラックには、積載量が少ない、船舶や鉄道と比較すると二酸化炭素の発生量が多いという短所があります。それぞれの運搬手段の長所と短所を総合的に比較すると、トラックには導入と運用が容易という、他の運搬手段では得がたい大きな利便性があるため、船舶や鉄道などの導入が進みにくくなっているようです。

産業廃棄物の収集運搬方式の特徴[*]

運搬方式	メリット	デメリット
車両による運搬	・運用コストが他の運搬方式よりも安い ・運転手の確保が容易 ・廃棄物の種類に合わせた柔軟な運用が可能	・他の方式よりも一度に運べる量が少ない ・排気ガスや騒音などの原因となる ・道路の渋滞の影響を受けやすい
船舶による運搬	・大量の産業廃棄物の運搬が可能 ・長距離間の運搬に適している	・港湾の存在が不可欠 ・悪天候の場合は運搬できない
鉄道による運搬	・大量の産業廃棄物の運搬が可能 ・道路の渋滞の影響を受けない ・他の運搬方式よりも二酸化炭素や窒素酸化物の発生が少ない ・他の運搬方式よりも、運搬中の事故が起こりにくい	・少量の産業廃棄物の運搬には不適 ・駅間の運搬しかできない（駅から先は、車両によって運搬するしかない）

[*] …の特徴：(財)日本産業廃棄物処理振興センター「平成19年度　産業廃棄物又は特別管理産業廃棄物処理業の許可申請に関するテキスト」を基に作成。

2-3 収集運搬に使われる車両

産業廃棄物の収集運搬にもっとも広く使われている車両は、ダンプ車と平ボディ車です。汚泥や液状の産業廃棄物の運搬には、タンクローリーや汚泥吸排車、汚泥吸引車などの専用車両が使用されます。

▶▶ 広く使われているのはダンプ車と平ボディ車

産業廃棄物の収集運搬を行う際には、運搬する区間の距離や、運搬する産業廃棄物の量などが、排出事業者によってまちまちになりますので、最適と考えられる収集運搬計画を作成したうえで、日々の運搬作業は行われています。不適切な形式の運搬車両で無理に産業廃棄物を運搬すると、飛散・流出の原因となりますので、運搬する産業廃棄物の種類に応じて、最適な運搬車両を選択することは重要です。

収集運搬車両の中でもっとも広く使われている車両は、**ダンプ車**と**平ボディ車**の2つです。これらの車両は、産業廃棄物以外の運搬にも広く使用されていますので、ほとんどの人が、一度は見かけたことがあるでしょう。産業廃棄物の中でも、木くずやがれきなどの、比較的大きい固形状の産業廃棄物を運搬する場合、ダンプ車や平ボディ車がよく利用されます。

廃プラスチックなどの圧縮性のある産業廃棄物に対しては、都市ごみの収集でもなじみ深い**パッカー車**で収集運搬が行われる場合が多いようです。パッカー車の場合、産業廃棄物の圧縮をしながら、運搬ができるという利点があります。コンクリート塊などの固くて大きい産業廃棄物の場合は、圧縮性が乏しいため、パッカー車で運搬することはありません。

▶▶ 汚泥や液状の産業廃棄物の運搬には専用車両を使う

汚泥などの泥状の産業廃棄物の場合は、普通のダンプ車の荷台にそのまま載せると、運搬の途中で汚水が漏れ出すおそれがありますので、ダンプはダンプでも、パッキンなどですき間がふさがれた水密仕様のダンプ車で運搬しなければなりま

せん。汚泥や液状の産業廃棄物をより確実に運搬するには、**タンクローリー**や、**汚泥吸排車**、**汚泥吸引車**などの専用車両を使用することもあります。

　廃酸、廃アルカリ、廃油などの液状の産業廃棄物を運搬する場合は、専用の運搬容器（**ドラム缶**など）を利用して、トラックで運搬する場合も多いようですが、大量にそれが発生する場合は、タンクローリーや吸引車などで、中間処理施設まで運搬されています。

　排出事業者のところにコンテナを設置し、定期的にそのコンテナをコンテナ専用車で回収するケースもよくあります。

　なお、トラックなどの運搬車両以外にも、船舶や鉄道を用いて産業廃棄物を運搬することもできます。運搬する産業廃棄物の量や性状に応じて、適切な運搬手段を選択するとよいでしょう。

収集運搬に使われる車両の例[*]

[*]…**車両の例**：全国産業廃棄物連合会「産業廃棄物ガイドブック」より。

2-4
収集運搬に使われる容器

産業廃棄物の運搬容器としては、ドラム缶が最もよく用いられています。フレキシブル・コンテナも、価格が安いため、使い捨ての運搬容器としてよく利用されています。廃棄物専用コンテナは、建設現場などを中心に広く利用されています。

▶▶ 収集運搬にはドラム缶がよく使われる

産業廃棄物の性状によっては、専用の運搬容器を用いて運搬される場合があります。液状のものは、液体専用の運搬車両でないかぎり、運搬容器に入れて運搬されます。感染性廃棄物は、感染性廃棄物専用の容器で運搬されています。

運搬容器としては、**ドラム缶**が最もよく用いられています。ドラム缶は、液状から固形の産業廃棄物まで広く対応できる汎用性があり、安価に入手することができるため、広く使用されています。がれき類などの塊が大きなものや、感染性廃棄物を除けば、ほとんどの産業廃棄物はドラム缶で保管することが可能です。ただし、廃酸や廃アルカリといった、腐食性のある産業廃棄物を運搬する場合には、一般的な鋼製のドラム缶ではなく、**プラスチックドラム**などの耐食性に優れた特別なドラム缶を用意する必要があります。ドラム缶を利用することによって、産業廃棄物の積み下ろしが容易になるという大きなメリットがありますが、保管が長期間に及ぶ場合は、産業廃棄物の性状が変化していても外部からそれを発見しにくい、というデメリットもあります。

少量の液体の産業廃棄物を運搬するとき、廃油などの場合は**石油缶**、廃酸や廃アルカリなどの場合は腐食しない**プラスチック容器**が利用されています。石油缶とプラスチック容器の容量は、多くても20リットル程度ですので、人手を介して少量の産業廃棄物を運搬するのに適しています。

▶▶ フレキシブル・コンテナは使い捨ての運搬容器に

そのほか、布などの比較的柔らかい材料で作られた袋状の**フレキシブル・コン**

2-4　収集運搬に使われる容器

テナも、価格が安いため、使い捨ての運搬容器としてよく利用されています。

　コンテナ専用車両で運搬するための**廃棄物専用コンテナ**は、建設現場などを中心に広く利用されています。コンテナを置くためには、一定の設置場所を確保する必要があります。

　しかし、コンテナを利用すれば、衛生的かつ効率的な廃棄物の収集が可能となりますので、がれき類や廃プラスチックなど腐敗しない産業廃棄物を一定期間保管して運び出す場合などに、コンテナが利用されています。

　感染性廃棄物を運搬する場合は、あらかじめ感染性廃棄物の発生場所で**感染性廃棄物専用の保管容器**に密閉します。その容器には、感染性廃棄物であることを、わかりやすく表示しておく必要があります。感染性廃棄物の保管容器は、そのまま焼却施設や溶融施設に投入されますので、ドラム缶などの場合と異なり、再使用されることはありません。

産業廃棄物と運搬容器の組み合わせ例[*]

産業廃棄物の種類	ドラム缶	プラスチックドラム	プラスチック容器	石油缶	フレキシブル・コンテナ	大型コンテナ	感染性廃棄物容器
燃え殻	○				○	○	
汚泥	○				○	○	
廃油	○			○			
廃酸		○	○				
廃アルカリ		○	○				
廃プラスチック類	○				○	○	
紙くず	○				○	○	
木くず	○				○	○	
繊維くず	○				○	○	
動植物性残さ	○				○	○	
ゴムくず	○				○	○	
金属くず	○					○	
ガラスくずなど	○				○	○	
鉱さい	○				○	○	
がれき類	○				○	○	
ばいじん	○				○	○	
感染性廃棄物							○

[*]…組み合わせ例：(財)日本産業廃棄物処理振興センター「平成19年度　産業廃棄物又は特別管理産業廃棄物処理業の許可申請に関するテキスト」を基に作成。

2-5 破砕施設

破砕施設では、焼却や最終処分をしやすくするために、産業廃棄物の大きさを小さくする処理が行われています。破砕施設には、切断機、回転式破砕機、圧縮式破砕機の3種類があります。

▶▶ 破砕の目的

中間処理では、廃棄物の性状に応じて焼却、破砕、粉砕・圧縮、中和、脱水などが行われています。

破砕の最も大きな目的は、焼却や最終処分をしやすくするための前処理を行うことにあります。そのほかにも、産業廃棄物の大きさを小さくすることによって、保管や運搬の効率を上げることも可能となります。

▶▶ 破砕施設の種類

代表的な破砕施設には、切断機、回転式破砕機、圧縮式破砕機の3種類があります。

◆切断機

切断機は、廃棄物に**せん断力**＊を与えて破砕を行う施設で、廃プラスチック類、繊維くず、金属くずなどの破砕に使われています。他の破砕施設と比べると、切断機は、破砕を比較的均一に行うことが可能です。

◆回転式破砕機

回転式破砕機は、ハンマーやカッターを回転させることで、破砕の対象物に衝撃を与えたり、せん断力によって破砕したりする施設です。回転式破砕機には、物と物を高速で衝突させることで破砕を行う衝撃作用を主体とした高速回転式破砕機と、せん断作用を主体とした低速回転式破砕機の2種類があります。**高速回転式**

＊**せん断力**：物体に平行で逆向きの2つの力を加えることで、物体内部にずれを生じさせる力のこと。

破砕機の場合は、自動車、家具、硬質プラスチックなどの大きな廃棄物を破砕するのに使われています。

低速回転式破砕機の場合は、低速で刃が回転するため、強力なせん断を行うことが可能で、比較的多種類の廃棄物を破砕することができます。とくに、軟質プラスチックや布などの、破砕機の刃にまとわりつきやすい品質のものを破砕するのに使われています。

◆ 圧縮式破砕機

圧縮式破砕機は、面と面の間で廃棄物を圧縮し、破砕を行う施設です。圧縮式破砕機は、コンクリートやアスファルトなどの大きな塊の廃棄物を破砕するのに使われています。

破砕に適した産業廃棄物*（破砕機の種類別）

産業廃棄物の種類	切断機	回転式破砕機	圧縮式破砕機
燃え殻		○	○
廃プラスチック類	○	○	
紙くず	○	○	
木くず	○	○	○
繊維くず	○		
動植物性残さ		○（ただし、せん断式破砕機以外は不適）	
ゴムくず	○	○	
金属くず	○	○	
ガラスくずなど		○	○
鉱さい		○	○
がれき類		○	○

破砕施設には、切断機、回転式破砕機、圧縮式破砕機の3種類があります。

＊…の概念：中央環境審議会廃棄物・リサイクル部会廃棄物処理基準等専門委員会（第6回）議事次第・資料より。

2-6 汚泥の脱水施設

汚泥は水分を大量に含んでいます。汚泥の脱水施設では、脱水機を用いて脱水処理をすることにより、汚泥の重量や容量を大幅に削減しています。脱水機には、加圧脱水機と遠心脱水機があります。

▶▶ 脱水の目的

汚泥は水分を大量に含んでいますので、発生したときの状態のままでは、運搬をすることもままなりません。そのため、乾燥や**脱水**などを行い、多くの水分を飛ばすことが必要となります。脱水工程を経て、汚泥の水分を飛ばすと、汚泥の重量と容量を減少させることが可能になります。

▶▶ 脱水機の種類

汚泥の脱水施設で使用されている脱水機には、加圧脱水機と遠心脱水機があります。加圧脱水機は、汚泥に圧力をかけることで脱水を行う施設で、**フィルタープレス**とも呼ばれています。加圧脱水機には、単式加圧脱水機と、複式加圧脱水機の2種類があります。

◆単式加圧脱水機

単式加圧脱水機は、汚泥から水分をろ過するための「ろ布（フィルター）」を取り付けた「ろ板」のみで、脱水処理を行う場所である「ろ室」を構成しています。ろ室内で汚泥に対して圧力をかけ、汚泥を、ろ過された水分である「ろ液」と、脱水後に残る固形状残さの脱水ケーキに分離します。単式加圧脱水機の場合は、脱水ケーキが一定の形に形成されないため、ろ布から脱水ケーキを分離しにくくなっています。

◆ 複式加圧脱水機

　複式加圧脱水機は、ろ板と、脱水ケーキを形成しやすくするための「ろ枠」を組み合わせて、ろ室を構成した施設です。複式加圧脱水機の場合は、ろ枠によって脱水ケーキを一定の形に形成しやすいので、脱水ケーキの取り出しが容易になっています。

　ろ布に対して付着しやすい汚泥の場合は、ろ過しようとしても、ろ布のふるいの目がすぐふさがってしまうため、効率的に脱水処理ができません。そのため、このような汚泥に対しては、液と固形分の比重の差によって脱水を行う、遠心脱水機が使用されます。

◆ 遠心脱水機

　遠心脱水機は、汚泥に遠心力をかけ、汚泥の固形分と液体分を分離する施設です。具体的には、高速回転するドラム内に汚泥を投入し、遠心力によってドラムの内側に汚泥の固形分だけを付着させ、汚泥の固形分と液体を別々に排出させるという方法で脱水処理を行っています。

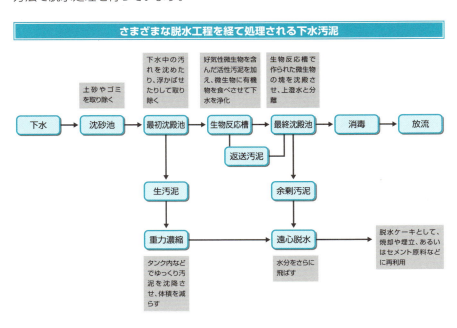

さまざまな脱水工程を経て処理される下水汚泥

2-7 焼却炉

焼却施設では、焼却炉で廃棄物を焼却することによって、廃棄物の減容、安定化、無害化などを一挙に行っています。焼却炉には、固定式火格子炉、機械式ストーカ炉、ロータリーキルン、流動床炉などの種類があります。

▶▶ 焼却の目的

焼却とは、燃焼によって廃棄物中の有機物を、可燃性ガス、油、炭素などに分解することです。焼却を行うことによって、廃棄物の容量を大幅に減少させる（減容）ことができます。そのほか、焼却をすることによって、廃棄物の腐敗を防止すること（安定化）や、病原菌などを滅菌すること（無害化）が可能となります。

▶▶ 焼却炉の種類

焼却施設で使用されている焼却炉には、固定式火格子炉、機械式ストーカ炉、ロータリーキルン、流動床炉などの種類があります。

◆固定式火格子炉

固定式火格子炉は、格子状に組まれた火床で廃棄物を燃焼させ、灰を火床にあいた隙間から下に落とす仕組みになっています。固定式火格子炉は、比較的小規模な焼却炉ですので、小容量の廃棄物を焼却するために用いられています。

◆機械式ストーカ炉

機械式ストーカ炉は、火格子を自動的に動かしながら、その上で廃棄物を燃焼させる施設です。機械式ストーカ炉は、紙くずや木くずなどの、発熱量の高い固形状の廃棄物を焼却するのに使われています。

◆ ロータリーキルン

ロータリーキルンは、炉床を回転させながら廃棄物を燃焼させる、横置きの焼却炉です。ロータリーキルンは構造が簡単なため、燃やせる廃棄物なら、ほとんどのものを混合処理することが可能です。しかし、炉（キルン）の長さを一定以上取る必要があるため、据え付け面積が大きくなるという欠点があります。

◆ 流動床炉

流動床炉は、炉の底に砂を敷き詰め、底から空気を噴射して、高温で熱した砂と廃棄物をかくはんしながら、廃棄物を焼却する施設です。流動床炉は、あらゆるものを焼却することができる施設ですが、効率的な焼却を行うためには、あらかじめ廃棄物を一定の大きさ以下に破砕しておく必要があります。

流動床炉のシステムの概念[*]

[*]…の概念　中央環境審議会廃棄物・リサイクル部会廃棄物処理基準等専門委員会（第6回）議事次第・資料より。

2-8 選別機

選別機は、水を利用して選別を行う湿式選別機、若干の加湿を行う半湿式選別機、乾式選別機に分けられます。乾式選別機には、風力選別機、トロンメル、磁力選別機などがあります。

▶▶ 選別の目的

　産業廃棄物は、廃プラスチック類や紙くずなどが一体となって発生する場合が多く、適切な処理やリサイクルを進めるためには、産業廃棄物の種類ごとに分別、あるいは**選別**を行う必要があります。たとえば、紙くずと陶磁器くずの混合物である石膏ボードのように、最初から2種類以上の産業廃棄物の混合物として発生するものがあります。

　そのような場合には、最終処分をする前に、具体的な種類ごとに産業廃棄物を選別し、適切な処分を進める必要があります。また、選別によって、廃棄物の中から、再利用できるものを抽出することも可能となります。

▶▶ 選別機の種類

　選別機の種類を大別すると、水を利用して選別を行う**湿式選別機**、紙くずの選別を行いやすくするために若干の加湿を行う**半湿式選別機**、それ以外の**乾式選別機**の3種類に分けられます。湿式選別機、半湿式選別機は、主に廃プラスチック類や紙くずなどの選別に使用されています。

　乾式選別機には、風力選別機、トロンメル、磁力選別機などの種類があります。

◆風力選別機

　廃棄物に風をかけると、重いものは手前で落ち、軽いものは遠くまで飛びます。風力選別機は、このような廃棄物の比重と形状の違いを利用して、選別を行う施設です。風力選別機には、竪型と横型の2種類があります。

竪型は、選別を細かく行うことができますが、選別できる量は小さくなります。横型は、多種類の廃棄物の選別を一度に行うことが可能ですが、選別の精度は悪くなります。

◆ トロンメル

トロンメルは、ふるいに大きさが異なる穴を開けた、円筒形のふるい機です。トロンメルは、破砕をした後の廃棄物を、大きさごとに選別したいような場合によく用いられています。

◆ 磁力選別機

磁力選別機は、磁力によって、廃棄物の中から鉄を回収する選別機です。鉄を破砕すると、破砕機の刃が傷みやすくなりますので、磁力選別機は破砕機と組み合わせて使用されることが多くなっています。

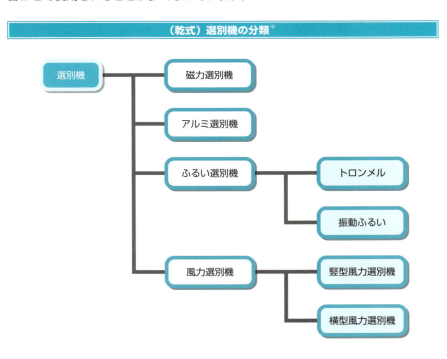

（乾式）選別機の分類*

*…の分類：（財）日本産業廃棄物処理振興センター「平成19年度 産業廃棄物又は特別管理産業廃棄物処理業の許可申請に関するテキスト」を基に作成。

2-9 油水分離施設

油水分離施設では、廃水中から油分を分離・除去することで、油分の廃油としての処分や再利用をしやすくしています。油水分離の方法には、重力分離、粗粒化分離、加圧浮上分離、凝集沈殿分離などがあります。

▶▶ 油水分離の目的

廃油が大量に混じった廃水は、そのままの状態では公共用水域に放流することはできません。しかし、水分が大量に含まれる場合は、廃油としての一般的な処理方法である焼却や再利用などを行うことも困難です。

そのため、**油水分離施設**では、焼却や再利用をするための前処理として油水分離を行うことで、廃水から油分を分離し、廃油としての処理やリサイクルをしやすくしています。

▶▶ 油水分離の方法

油水分離を行う方法には、重力分離、粗粒化分離、加圧浮上分離、凝集沈殿分離などがあります。これらの方法の中から、廃油の状態に応じて、適切な油水分離方法が選択されています。

◆重力分離

重力分離施設は、油と水の比重の差を利用し、重力によって水よりも比重が軽い油を水面に浮かび上がらせて、油分の分離を行います。重力分離は、油滴の大きい含油廃水の処理に使われています。油滴の小さな含油廃水の場合は、油滴が小さな粒子となって水中に溶解してしまうため、重力分離をしても十分な油水分離を行うことは困難です。

◆ 粗粒化分離

含油廃水を親油性と疎水性をもつ不織布などに通すと、微細な油滴を吸着し、より大きな油滴にすること（粗粒化）ができます。粗粒化分離は、この原理を用いた油水分離施設です。

◆ 加圧浮上分離

加圧した水に空気を溶け込ませ、それを常圧に戻すと、水中に微細な気泡が発生します。加圧浮上分離施設は、この気泡に廃水中の油分を付着させ、気泡と油分を水面に一気に浮上させることで、油水分離を行う施設です。

◆ 凝集沈殿分離

凝集沈殿分離施設は、凝集剤によって凝集した廃水中の**浮遊物質**＊（SS＊）に油分を吸着させ、油分の除去を行う施設です。凝集沈殿分離施設は、除去した油分を再利用できないため、SSと油分の除去に主眼を置いた施設です。

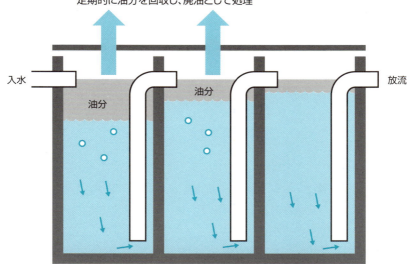

一般的な油水分離施設（重力分離）

＊**浮遊物質**：水中に浮遊または懸濁している粒子状物質のこと。
＊**SS**：Suspended Solidsの略。

2-10 固化施設

固化は、産業廃棄物に含まれる有害物質や重金属などを、産業廃棄物ごとコンクリートなどに封じ込め、外部への溶出を抑える処理方法です。固化には、コンクリート固化、薬剤固化、溶融固化といった方法があります。

▶▶ 固化の目的

固化は、産業廃棄物に含まれる有害物質や重金属などを、産業廃棄物ごとコンクリートなどに封じ込め、外部への溶出を抑える処理方法です。鉛などの重金属が含まれた産業廃棄物を、そのまま最終処分場に埋め立ててしまうと、重金属によって、周囲の水質や土壌は汚染されてしまいます。そこで、重金属が含まれた産業廃棄物は、コンクリートなどの中に重金属を封じ込め、外部に溶出しないようにして処理されています。

固化は、有害物質の無害化や、有害物質を外部に溶出しにくくすることを目的とした産業廃棄物の処理方法です。

▶▶ 固化の方法

産業廃棄物の固化を行う方法には、コンクリート固化、薬剤固化、溶融固化などがあります。

◆コンクリート固化

コンクリート固化は、産業廃棄物とセメントを混錬することで、産業廃棄物の中に含まれる有害物質を、コンクリート内に封じ込めるものです。とくに、重金属の封じ込めに、大きな効果を発揮しています。セメントの代わりに、アスファルトを用いて固化する施設もあります。

コンクリート固化施設には、設置費やランニングコストが比較的安い、という大きなメリットがあります。また、処理能力が高く、一度にたくさんの廃棄物を固化

でき、固化後の廃棄物は化学的に安定しています。

しかし、セメントを廃棄物に添加して固化を行うため、廃棄物の容量が固化後に著しく増大するという欠点があります。容量が増大することによって、運搬効率が低下することや、最終処分場の貴重な埋め立てスペースを消費してしまうなどのデメリットもあります。

◆ **薬剤固化**

コンクリート固化のデメリットを解決するため、キレート化合物を始めとする薬剤による固化技術が開発されてきました。コンクリート固化は、有害物質などを安価にコンクリート内に封じ込めることができますが、固化が不十分になされた場合は、有害物質がコンクリート外に溶出する可能性があります。

キレート剤による固化は、ばいじん中の有害な重金属の溶出を抑えるために広く行われています。具体的には、ばいじんなどにキレート剤を添加して混錬すると、キレート剤が重金属と結びつき、重金属の溶出を抑えることが可能となります。

コンクリート固化フローシート*

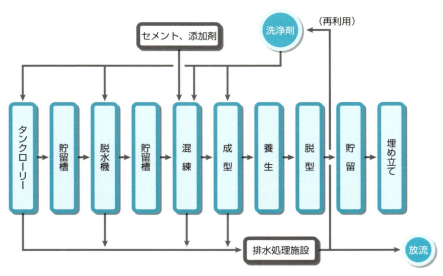

＊…**フローシート**：(財)日本産業廃棄物処理振興センター「平成19年度　産業廃棄物又は特別管理産業廃棄物処理業の許可申請に関するテキスト」より転載。

2-11 溶融施設

溶融は、廃棄物を高温で加熱し、可燃物を燃焼させ、不燃物をガラス状の溶融スラグ化する技術です。溶融によって、廃棄物の減容や有害物質の無害化が可能となります。溶融スラグは、土木工事や建設工事の資材として再利用されています。

▶▶ 溶融の目的

溶融とは、廃棄物を1400度以上の高温で加熱し、有機物を燃焼させ、無機物をガラス状の溶融スラグ化する処理技術です。溶融処理は、感染性廃棄物や廃石綿などの有害な廃棄物を無害化することや、重金属その他の有害物質を溶融スラグに封じ込めることなどを目的としています。

溶融処理を行うことによって、廃棄物を大幅に減容することができます。溶融によって発生する溶融スラグは化学的に安定しており、重金属が溶出しにくい構造になっていますので、安全に最終処分などをすることが可能となります。そのほか、溶融スラグは砂などの代替品として、土木工事や建設工事で再利用されています。

▶▶ 溶融施設の種類

溶融炉は、重油やコークスなどによって溶融を行う燃料式溶融炉と、電気の抵抗熱などによって溶融を行う電気溶融炉の2種類に大別できます。

◆燃料式溶融炉

燃料式溶融炉には、表面溶融炉とコークスベッド式溶融炉などの種類があります。**表面溶融炉**は、重油などを燃料としたバーナで加熱し、廃棄物の表面から溶融処理を行います。

コークスベッド式溶融炉は、溶融炉の底にベッド状に堆積させた高熱のコークスによって、廃棄物の溶融処理を行います。

◆ 電気溶融炉

電気溶融炉には、電気アーク炉、電気抵抗炉、マイクロ波溶融炉、プラズマ溶融炉などの種類があります。

電気アーク炉は、低電圧・高電流のアーク（電気的発光）を利用して、廃棄物の溶融処理を行う溶融炉です。

電気抵抗炉は、炉内に設けた電極間に電圧をかけることによって発生した電気抵抗熱によって、廃棄物の溶融処理を行う溶融炉です。

マイクロ波溶融炉は、電力をマイクロ波に変換し、それを廃棄物に照射することで溶融処理を行う溶融炉です。

プラズマ溶融炉は、高温のプラズマ炎で瞬時に廃棄物を溶融処理することができる溶融炉です。

溶融炉のシステムの概念[*]

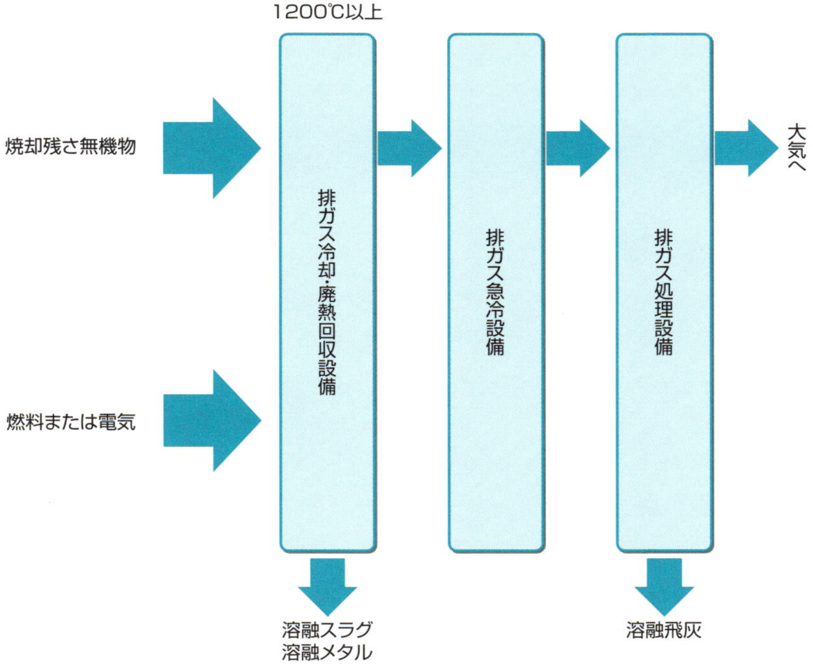

入力：焼却残さ無機物、燃料または電気

1200℃以上 → 排ガス冷却・廃熱回収設備 → 排ガス急冷設備 → 排ガス処理設備 → 大気へ

排出物：溶融スラグ・溶融メタル、溶融飛灰

[*] **…の概念**：中央環境審議会廃棄物・リサイクル部会廃棄物処理基準等専門委員会（第6回）議事次第・資料より。

2-12 最終処分施設

廃棄物の中間処理を行った後の残さについては、最終処分施設で処分されます。最終処分場は、埋め立て処分される廃棄物の種類によって、安定型最終処分場、管理型最終処分場、遮断型最終処分場の3つがあります。

▶▶ 最終処分の目的

廃棄物の中間処理を行った後の残さについては、最終処分施設で処分されます。**最終処分**とは、産業廃棄物を適切に処理したうえで、土の中や海にそれを投入して、その場所で産業廃棄物を保管し続けるという、産業廃棄物の処理方法です。

最終処分の一番大きな目的は、産業廃棄物の安定化にあります。安定化とは、産業廃棄物を、それ以上変化せず、周囲の環境にも影響を及ぼさない状態にさせることです。具体的には、土の中で、産業廃棄物の有機物が分解され、それがまた土に返るような状態です。この段階になると、埋められた産業廃棄物は、腐敗などの変化をそれ以上起こすことなく、安定した状態となります。

▶▶ 最終処分場の種類

産業廃棄物の種類や性状によって、安定化を実現するのに必要な期間は異なります。最終処分場は、埋め立て処分される廃棄物の環境に与える影響の度合いによって、安定型最終処分場、管理型最終処分場、遮断型最終処分場の3つのタイプがあります。

◆安定型最終処分場

安定型最終処分場では、有害物や有機物などが付着していない廃プラスチック類、金属くず、ガラスくずやがれき類など、廃棄物の性質が安定しているものが埋め立て処分されます。安定型最終処分場は、絶対に腐敗したり有害物質が溶け出したりすることがない廃棄物を処分するための施設です。

◆ 遮断型最終処分場

遮断型最終処分場では、有害物質が基準を超えて含まれる燃えがら、ばいじん、汚泥、鉱さいなどの有害な産業廃棄物が埋め立て処分されます。遮断型最終処分場は、通常の方法では無害化することが難しい廃棄物を処分するための施設です。

◆ 管理型最終処分場

管理型最終処分場では、遮断型最終処分場でしか処分できないか、安定型最終処分場で処分できる産業廃棄物以外のものが埋め立て処分されます。管理型最終処分場は、燃え殻、汚泥や腐敗性があり地下水を汚染するおそれのある産業廃棄物でも埋め立てることができる施設です。

最終処分場で処分する産業廃棄物の種類

安定型最終処分場	遮断型最終処分場	管理型最終処分場
・廃プラスチック類 ・ゴムくず ・金属くず ・ガラスくず、コンクリートくずおよび陶磁器くず ・がれき類	有害な ・燃え殻 ・ばいじん ・汚泥 ・鉱さい	・廃油（タールピッチ類） ・紙くず ・木くず ・繊維くず ・動植物性残さ ・動物のふん尿 ・動物の死体 ・燃え殻 ・ばいじん ・汚泥 ・鉱さい ・廃石綿　など

いずれの最終処分場でも、廃酸、廃アルカリ、感染性廃棄物の埋め立てはできません

2-13
安定型最終処分場

安定型最終処分場は、雨水などによって腐敗したり、変形したりするおそれのない産業廃棄物を埋め立てる処分場です。安定型最終処分場では、廃プラスチック類、ゴムくず、金属くず、がれき類、ガラスくずおよび陶磁器くずなどを処分します。

▶▶ 安定型最終処分場で処分される産業廃棄物

安定型最終処分場は、雨水などによって腐敗したり、変形したりするおそれのない産業廃棄物を埋め立てる処分場です。安定型処分場で埋め立て処分される産業廃棄物は、**廃プラスチック類、ゴムくず、金属くず、がれき類、ガラスくず**および**陶磁器くず**の5種類の産業廃棄物になります。これらの5種類の産業廃棄物のことを、安定型品目と呼ぶ場合があります。

しかし、安定型品目に該当する産業廃棄物であっても、重金属を含むものや、有機物が付着しているようなものは、安定型最終処分場ではなく、管理型最終処分場や遮断型最終処分場などで処分されます。安定型最終処分場は、建設系廃棄物を中心とした、一度に大量に発生するが腐敗しない産業廃棄物を、安価なコストで処分する場所となっています。

▶▶ 安定型最終処分場の仕組み

安定型最終処分場では、産業廃棄物が搬入されてきた段階で、処分場の一定の場所に産業廃棄物を展開し、埋め立てに適さない産業廃棄物が混入していないかどうかを、目視で確認しています。目視検査を行わないと、がれき類などに、有害物質が紛れ込み、それをそのまま安定型最終処分場に処分してしまう可能性があるからです。

安定型品目は土の中に埋めても腐敗しないため、周辺の環境を汚染しないと考えられています。そのため、安定型最終処分場は、管理型最終処分場に必要な遮水工などの設備を備えていません。とくに、埋め立て地を浸透してきた雨水（浸

2-13 安定型最終処分場

透水）の処理をする必要がないため、管理型最終処分場と比較すると、メンテナンスのコストが大幅に下がります。安定型最終処分場は、他の最終処分場と比較すると、必要な施設や設備が大幅に少なくなっています。

　安定型最終処分場の周囲には、埋めた産業廃棄物の外部への流出を防ぐため、擁壁やえん堤などが設置されます。また、突発的な豪雨などの影響で、擁壁やえん堤などが簡単に崩れてしまわないよう、雨水を埋め立て地の外に逃がす設備が設けられています。

　万が一、有機物が付着した産業廃棄物などが埋められた場合でも、それに伴う環境への影響を早期に把握できるよう、浸透水（埋め立て地内に浸透した雨その他の地表水）を採取する設備が設置されています。そのほか、周辺の地下水を汚染していないかどうかを、定期的に地下水をくみ上げて、水質検査を行っています。

安定型最終処分場*

廃プラスチック類、ゴムくず、金属くず、がれき類（コンクリート殻など）、ガラスおよび陶磁器くず、など絶対に腐敗したり有害物質が溶け出したりすることがないことを埋め立て前に確認して埋めることができます。埋め立て空間を外部と仕切る遮水工をもちません。

*…**最終処分場**：全国産業廃棄物連合会「産業廃棄物ガイドブック」より。

2-14 遮断型最終処分場

　遮断型最終処分場では、有害な燃え殻、ばいじん、汚泥、鉱さいなどが処分されます。遮断型最終処分場は、外部から完全に隔離された状態で有害な産業廃棄物を長期間保管し続ける処分場です。

▶▶ 遮断型最終処分場で処分される産業廃棄物

　遮断型最終処分場では、**有害な燃え殻、ばいじん、汚泥、鉱さい**などが処分されます。遮断型処分場は、外部の自然環境から完全に隔離された状態で産業廃棄物を保管するため、有害物質が含まれる産業廃棄物を安全に管理し続けることが可能ですが、外部との接触を遮断しているため、産業廃棄物が安定化されることを期待するのは困難です。

　そのため、遮断型最終処分場は、長期間にわたって産業廃棄物を管理し続けなければなりません。

▶▶ 遮断型最終処分場の仕組み

　遮断型最終処分場で処分される産業廃棄物には有害物質が含まれていますので、それを処分場から外部へ流出させるわけにはいきません。有害物質が遮断型最終処分場から外部に流出する原因として最も警戒すべきものは、雨水の流入に伴う周辺への漏水や地下水汚染などです。

　そのため、遮断型最終処分場には、雨水の浸入を防ぐ屋根や、地表水が流入するのを防止する雨水排除施設（開渠）などが設置されています。外部からの水の浸入を完全にシャットアウトする屋根などの構造をもつ最終処分場は、遮断型最終処分場だけです。

　外部からの水などの流入については、上記の対策で完全に対応することができますが、これだけではまだ不十分です。遮断型最終処分場自体から、有害物質が流出するリスクも解決しなければなりません。

2-14　遮断型最終処分場

　そのための方法として、まず、外周仕切設備として、埋め立て地の周囲を水密性鉄筋コンクリートで囲い、有害物質と外部環境との接触を遮断しています。外周仕切設備は、埋め立てた産業廃棄物と接する部分が、遮水性と耐食性のある材料で被覆されています。また、外周仕切設備が破損したまま放置しておくと、有害物質によって周囲の水質や土壌が汚染されてしまいますので、外周仕切設備は、損壊していないかどうかを目視で確認できるものになっています。

　埋め立て面積が50平方メートル以上または埋め立て容積が250立方メートル以上の遮断型最終処分場には、外周仕切設備と同等の性能をもつ内部仕切設備が設置されています。

　このような対策をとることで、遮断型最終処分場では、完全に外部と隔離された環境で有害な産業廃棄物を保管し続けることが可能となっています。しかし、扱うものが有害な産業廃棄物だけに、念には念を入れて常に注意を払っておく必要があります。

　そのため、遮断型最終処分場も、安定型最終処分場の場合と同様、地下水の定期的な水質検査を行っています。

遮断型最終処分場*

鉄筋コンクリート構造

通常の方法では無害化することが難しい廃棄物を収めるための施設です。鉄筋コンクリート製の頑丈な構造物で、雨水が中に入らないように、上部には屋根を設けています。中にたまった水をくみ出して外部に排出するようなことはありません。

＊…最終処分場：全国産業廃棄物連合会「産業廃棄物ガイドブック」より。

2-15 管理型最終処分場

　管理型最終処分場には、遮断型最終処分場でしか処分できないもの以外のほとんどの産業廃棄物が埋め立てられています。処分場の内側には廃棄物からしみ出た水を外に漏らさないために、遮水シートなどの内張り（遮水工）が設けられています。

▶▶ 管理型最終処分場で処分される産業廃棄物

　管理型最終処分場には、遮断型最終処分場でしか処分できないもの以外のほとんどの産業廃棄物が埋め立てられています。安定型品目を管理型最終処分場で処分することもできますが、通常は安定型最終処分場で処分する方が安価ですし、管理型最終処分場の寿命を延命するためにも、管理型最終処分場に埋め立てられることはほとんどありません。

　なお、廃酸、廃アルカリ、感染性廃棄物については、埋め立て処分が禁止されていますので、管理型最終処分場であっても、遮断型最終処分場であっても、最終処分することはできません。

▶▶ 管理型最終処分場の仕組み

　管理型最終処分場には、さまざまな産業廃棄物が埋め立てられます。その中には、汚泥などの水分を大量に含むものや、動植物性残さなどの腐敗をしやすいものがあります。これらの廃棄物は埋め立て地の中でゆっくりと分解され、それに伴い廃棄物が元々含んでいた水分である保有水やメタンガスなどが発生します。管理型最終処分場は、保有水や浸透水を適切に処理するとともに、埋め立て地内に空気を送り込むことで、微生物による有機物の分解を促進するなどして、廃棄物の安定化を行っています。

　そのために必要な設備として、埋め立て地から地下水など外部の環境に汚水が浸透しないよう、遮水シートなどで埋め立て地盤を覆う遮水工を設置しています。遮水工の設置により、保有水や浸透水を地下浸透させずに、集排水管で集めるこ

とができるようになっています。

　集められた水は、そのままの状態では放流できない汚水ですので、安全に放流することができるレベルになるまで浸出液処理設備で浄化されます。また、雨などによって一度に大量の浸出液が流入してしまうと、浸出液処理設備で汚水の浄化ができなくなりますので、水量と水質を調整する調整池が設置され、天候の急激な変化にも対応できるようになっています。

　このように、管理型最終処分場は、厳格に排水管理を行い、周辺の環境に悪影響を及ぼす危険性を極力排除していますが、遮水工が地下で破損するなどの万が一の事態に備え、遮断型最終処分場の場合と同様、定期的に地下水の水質検査を行っています。また、安定型最終処分場と同様、埋めた産業廃棄物の外部への流出を防ぐために、擁壁やえん堤などが設置されています。

　管理型最終処分場は、ほとんどの種類の産業廃棄物を埋め立てられるという利点がありますが、その反面、維持管理を厳格に行う必要があります。

管理型最終処分場*

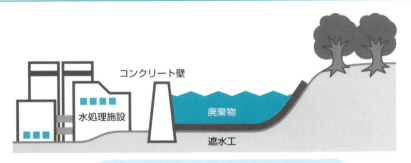

燃え殻、汚泥や腐敗性があり地下水を汚染する恐れのある産業廃棄物でも埋め立てることができる最終処分場です。処分場の内側には廃棄物からしみ出た水を外に漏らさないために、ゴムシートやビニールシートの内張り（遮水工）を設けています。遮水工の内側にたまった水は、浸出水処理施設で浄化した後で放流します。

＊…**最終処分場**：全国産業廃棄物連合会「産業廃棄物ガイドブック」より。

行政が立入検査に来たら

　立入検査とは、廃棄物処理法に基づいて行政が行う、事業者に対する抜き打ち検査のことです。その事業者の活動実態を確認するため、通常は無通告で、検査が行われます。法律に基づく検査ですので、理由なくそれを拒否すると、罰金が科せられる可能性があります。

　行政が立入検査に行くのは、産業廃棄物処理業者だけではありません。排出事業者の委託状況に問題がないかを検査される場合もあります。そのほか、産業廃棄物処理施設を設置している場合は、施設の稼動に問題が無いかも定期的に検査されることになります。産業廃棄物に少しでも関わる当事者は、すべて立入検査の対象になると思っておいた方がよいでしょう。

　通常の立入検査は、その事業者に何か問題があったせいで行われるのではなく、その事業者の活動状況に、廃棄物処理法上の問題がないかを確認し、問題がある場合は、それを指摘することによって、事業者に自発的な改善を促すことを目的としています。

　立入検査の際よく見られる内容としては、産業廃棄物処理施設が設置されている場合は、その稼働状況や維持管理記録などが重点的に検査されます。そのほか、「委託契約書」や「マニフェスト」の内容も、必ず検査対象になります。委託契約書については、「契約内容と処理業者の許可との間に整合性があるか」「処理料金が記載されているか」「委託予定数量が記載されているか」などがチェックされます。マニフェストの場合は、「産業廃棄物の種類ごとに発行されているか」「委託契約をした相手方に発行しているか」「照合確認を抜かりなくしているか」などの点が、チェックの対象になります。

　立入検査で違反事項の指摘を受けた場合は、その場で行政の担当者に、問題点はどこにあるのかをよく確認しておきましょう。法的な義務はありませんが、指摘事項は記録として保存しておいた方がよいでしょう。その後、「どのような方針で是正していくのか」を決定し、早急に是正していくことも重要です。最終的には、「是正の結果、状況はどう変わったのか」などを合わせて一連の記録とし、同じ過ちを繰り返さないようにしましょう。

第3章

産業廃棄物はどう処理されているか

　産業廃棄物には、燃え殻、汚泥、廃油、廃酸、廃アルカリ、廃プラスチック、ゴムくず、金属くず、ガラスくず、コンクリートくずおよび陶磁器くず、鉱さい、がれき類、ばいじん、紙くず、木くず、繊維くず、動植物性残さなど、さまざまな種類があります。産業廃棄物の種類によって、中間処理、再利用、最終処分などの処理方法が異なってきます。

　この章では、産業廃棄物の種類別に、産業廃棄物がどのように処理されているかをみていきましょう。

3-1
燃え殻とばいじんの処理方法

燃え殻とばいじんは、両方とも物を燃やすことによって発生する産業廃棄物です。重金属などの有害物質が含まれていないものは、管理型最終処分場に直接埋めていますが、有害物質が含まれている場合は、固化や溶融などの安定化処理を行います。

▶▶ 燃え殻、ばいじんとは

燃え殻とは、廃棄物を焼却した後に発生する焼却残さのことです。物を燃やした後に残る、灰や燃えかすを思い浮かべてもらうとよいでしょう。**ばいじん**とは、物を燃やしたときに発生するススや、微細な燃えかすなどの固体粒子状の物質のことです。産業廃棄物になるばいじんは、焼却炉の集じん装置で捕捉した、ススやその他の固体粒子状の物質になります。

燃え殻とばいじんの多くは、フレキシブルコンテナなどの容器に収納した状態で、管理型最終処分場で埋め立て処分されています。環境省の調査では、2015年度の燃え殻の最終処分率（発生量に対する最終処分量の比率）は21％と、比較的高い比率を示しています。また、ばいじんの最終処分率は9％ですので、産業廃棄物全体の最終処分率3％と比較すると、ばいじんも最終処分される比率が若干高くなっています。

燃え殻とばいじんの最終処分率は、管理型最終処分場に直接埋められる燃え殻とばいじんの比率です。重金属などが含まれた廃棄物を焼却し、重金属が含まれた燃え殻やばいじんが発生したときは、そのままの状態では、管理型最終処分場に埋め立てることができません。鉛などの重金属が含まれた燃え殻やばいじんを、そのまま最終処分したい場合は、遮断型最終処分場で処分をすることになります。しかし、遮断型最終処分場は数が少なく、かつ埋め立てられる容量にも余裕がないため、通常は、重金属が含まれた燃え殻やばいじんに何らかの安定化処理を行ったうえで、管理型最終処分場で処分しています。

▶▶ 燃え殻やばいじんの安定化方法

燃え殻やばいじんの安定化方法としては、コンクリート固化や溶融処理などの手法があります。

◆ コンクリート固化

コンクリート固化によって、有害物質をコンクリート内部に封じ込めることや、燃え殻やばいじんの飛散を防止することもできます。しかし、コンクリート固化を行うと、廃棄物全体の容量が著しく増大するという欠点もあります。ばいじんについては、コンクリート固化のほかに、キレート剤を用いて固化を行う場合があります。固化処理後に、重金属その他の有害物質の溶出試験を行い、試験に合格した固化物は、管理型最終処分場に埋め立てられます。キレート剤を添加しすぎると、最終処分場からの浸出水の水質が悪化する場合があります。

◆ 溶融

溶融は、コンクリート固化とは異なり、廃棄物の大幅な減容を行うことができます。また、溶融には、溶融後に残るスラグを、建設資材や土木資材として再利用できるという大きなメリットがあります。

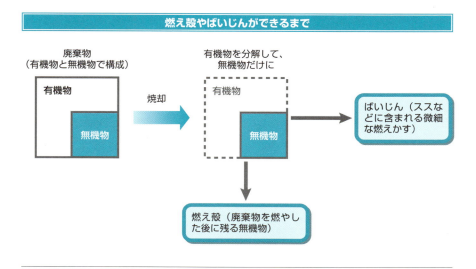

燃え殻やばいじんができるまで

3-2 汚泥の処理方法

汚泥は水分を大量に含んでいますので、脱水などの中間処理を行ったうえで、最終処分や再利用が行われています。汚泥は、堆肥、埋め戻し材、路盤材や骨材として再利用されています。

▶▶ 汚泥とは

汚泥には、排水処理および各種製造業生産工程で排出された泥状のもの、活性汚泥法による余剰汚泥、ビルピット汚泥、カーバイドかす、ベントナイト汚泥、洗車場汚泥などがあります。

汚泥は、水分を大量に含んだ産業廃棄物ですので、発生直後の状態のまま最終処分場に搬入されることはまれです。脱水などの中間処理を行ったうえで、最終処分や再利用がされています。環境省の調査によると、2015年度の汚泥の発生量は約1億6882万トンでした。汚泥の再生利用率は7%、最終処分率は1%でした。汚泥は、脱水などの中間処理によって、発生量の92%にあたる水分などが減量化されています。

▶▶ 汚泥の処理

汚泥の処理は、まず**脱水**を行うことが基本となります。下水処理場などは、広大な敷地をもっていますので、**天日乾燥**という、太陽熱や風の力で自然乾燥させる手法を取るところが多くなっています。天日乾燥は、汚泥の脱水のときにエネルギーをほとんど使用しません。ランニングコストは安くなりますが、広大な設置場所が必要となりますので、一般的な脱水方法とはいえません。工場などの生産活動から発生する汚泥の処理は、**加圧脱水機**や**遠心脱水機**などの脱水機を用いて、脱水処理を行うことになります。脱水機を用いた脱水は、ランニングコストがある程度必要となりますが、天日乾燥と比べると、短期間で効率的に脱水を行うことができます。

3-2 汚泥の処理方法

　脱水処理された汚泥をさらに減量化するため、焼却を行ったうえで、管理型最終処分場で最終処分する場合もあります。

　汚泥は最終処分率こそ1%と低くなっていますが、元々の発生量自体が多いため、量に換算すると、168万トンの汚泥が最終処分されていることになります。環境省の調査では、2015年度に最終処分された産業廃棄物の量は1,008万トンですので、産業廃棄物全体の最終処分量に対する汚泥の最終処分量は約17%となります。

　下水汚泥などの有機性汚泥の場合は、微生物の働きによって、汚泥を発酵・分解し、堆肥として再利用されるケースがあります。建設汚泥の場合は、脱水や乾燥を行ったり、汚泥にセメントなどの固化材を添加したりすることで、**埋め戻し材**＊などの土木資材として再利用されています。埋め戻し材のほかにも、焼成（高温で焼き固めること）をすることで、汚泥を路盤材や骨材として再利用されています。建設汚泥を溶融処理し、スラグにある程度の硬度をもたせて、砕石や砂などの代替品として再利用することも可能です。

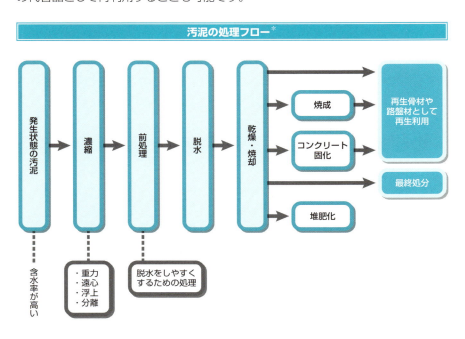

汚泥の処理フロー＊

＊**埋め戻し材**：埋め立てや造成で土砂の代わりに使う材料のこと。
＊**…の処理フロー**：(財)日本産業廃棄物処理振興センター「平成19年度　産業廃棄物又は特別管理産業廃棄物処理業の許可申請に関するテキスト」より転載。

3-3 廃油の処理方法

廃油の再利用方法としては、燃料としての再利用と、他の原料への再生の2つの方法があります。廃油の中でも、廃食用油は、バイオディーゼル油や石けんとして再生させることが可能な廃棄物です。

▶▶ 廃油とは

廃油は、鉱物性油、動植物性油、潤滑油、絶縁油、洗浄油、切削油、溶剤、タールピッチなど、すべての産業から排出される使用済みの油です。

廃油の基本的な処理方法は**焼却**です。廃油と名が付けば、どんな廃油でもすぐに焼却できるわけではありません。たとえば、含油廃水などは、焼却の前処理として油水分離を行い、含油廃水の油分と水分を分離して、油分を焼却するようにしています。また、トリクロロエチレンなどの有機塩素系溶剤が含まれている廃油は、大変燃やしにくくなっていますので、可燃性の溶剤を混合し、噴霧燃焼させています。ただし、有機塩素系溶剤を焼却すると、塩素ガスや塩化水素ガスといった人体にとって有毒なガスが発生し、焼却炉の腐食の原因となりますので、廃油を焼却するときは、成分の分析を行います。

環境省の調査によると、2015年度の廃油の最終処分率は2%でした。しかし、再利用率は43%と、再利用があまり進んでいません。

▶▶ 廃油の再利用方法

廃油の再利用方法としては、燃料として再利用する方法と、他の原料に再生させる方法の2種類があります。

◆ 廃油を燃料として再利用する

廃油を燃料として再利用するためには、廃油の中の不純物を取り除く必要があります。一般的な方法としては、まず重力分離によって、廃油中の油分と水分を分

離し、油分を加熱して水分を飛ばします。そして、残った油分を遠心分離機にかけ、油分の中の泥状の物や、不燃性物質である灰分を除去し、**再生油**として再生します。

◆ バイオディーゼル油に再生する

この再生方法のほかに、近年、廃食用油を、重油の代替燃料である**バイオディーゼル油**に再生する技術が注目を集めています。バイオディーゼル油は、燃焼させても地球上に新しい二酸化炭素を発生させない、バイオマスエネルギーです。廃食用油は軽油と比べて粘度が高いため、そのままディーゼル自動車用の燃料として使用すると、エンジンに不具合が発生することがあります。廃食用油をバイオディーゼル油に再生するためには、廃食用油にメタノールと触媒を加えて、廃食用油からグリセリンを除去する必要があります。こうした工程を経て精製されたものが、バイオディーゼル油です。バイオディーゼル油は、小規模な施設でも比較的簡単に製造できます。しかし、精製の過程で必ず発生するグリセリンを売却または処分することが困難であるため、バイオディーゼル油の製造は、まだそれほどの広がりをみせていません。

◆ 石けんの原料

燃料化のほかにも、廃食用油を**石けん**の原料とする方法があります。廃食用油を加熱しながら、か性ソーダと反応させると、加水分解が起こります。加水分解の結果、グリセリンが遊離するとともに、石けんの原料である脂肪酸のナトリウム塩が生成されます。

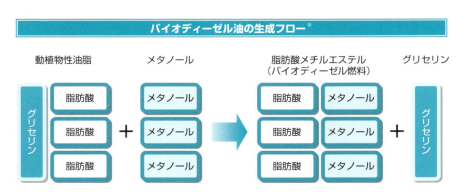

バイオディーゼル油の生成フロー*

＊…の生成フロー：北海道バイオマスネットワーク会議生ごみ等食品系廃棄物利活用検討部会「生ごみ等食品系廃棄物利活用検討結果報告書」より。

3-4 廃酸・廃アルカリの処理方法

廃酸と廃アルカリは、最終処分場に埋めることができない産業廃棄物であるため、焼却か中和が行われます。それ以外にも、廃液自体を再利用する方法や、中和生成物から有価物を取り出す方法などの、廃液の再利用が広く行われています。

▶▶ 廃酸、廃アルカリとは

廃酸は、写真定着廃液、廃硫酸、廃塩酸、各種の有機廃酸類などの酸性廃液です。**廃アルカリ**は、写真現像廃液、廃ソーダ液、金属せっけん液などのアルカリ性廃液です。廃酸・廃アルカリは液体状の廃棄物であり、最終処分場で処分することができません。廃酸・廃アルカリを処理する方法は、焼却と中和に限定されます。

廃酸・廃アルカリを**焼却**する場合は、ロータリーキルンや流動床炉などの焼却炉で焼却処分されています。焼却をする際は、廃酸・廃アルカリを液体状のまま直接炉内に投入すると燃焼を妨げてしまいますので、霧状に炉内に噴霧することで、焼却をしやすくしています。焼却によって分解できるものは、廃液中の有機物とアンモニウム塩などに限られています。また、廃液に含まれるナトリウムやカリウムの塩類は、焼却処理をしても、焼却灰に塩として残存します。そのため、その焼却灰を管理型最終処分場に埋めると、埋め立て地の浸出水に塩類が溶出してしまいますので、浸出水の処理に余分な手間がかかることになります。

▶▶ 中和処理

中和処理は、廃酸や廃アルカリを中性近くまで調節する処理です。廃酸を中和するためには廃アルカリ、廃アルカリを中和するためには廃酸を、それぞれ使用するのが理想ですが、それらの廃液だけでは中和処理ができない場合は、酸またはアルカリを別途用意して、中和処理が行われています。また、中和によって、廃液中に含まれていた不純物が汚泥として発生することもありますので、その汚泥の脱水処理なども必要となります。廃酸・廃アルカリを中和処理する過程で、人体

にとって有毒なガスが発生することがありますので、中和は廃液の性状に応じて、慎重に行われています。たとえば、シアン化合物は酸と接触すると、有毒なシアン化水素が発生しますので、シアン化合物が含まれた廃アルカリは、中和ではなく、シアン化合物の処理施設で処理されます。

廃酸・廃アルカリの再利用方法

　廃酸・廃アルカリの再利用方法としては、中和剤としての利用のほかに、廃液自体を再利用する方法や、中和処理によって生成されたものから有価物を取り出す方法、廃液自体から有価物を取り出す方法などがあります。

　廃液自体の再利用手法の例をあげると、鉄鋼**酸洗**＊工程で使用された硫酸は、硫酸濃度が減少し、硫酸第一鉄の濃度が高くなるので、酸洗能力が低下します。そのような廃硫酸でも、冷却することによって、廃硫酸中の硫酸第一鉄が結晶化しますので、それを除去すれば、残っている硫酸を再び使用できるようになります。

　中和生成物から有価物を取り出す方法としては、銅分が含まれた廃酸から低品位銅を回収する方法があります。具体的には、銅分が含まれた廃酸を中和する際に、水酸化銅の沈殿が最も多くなるように条件を調整し、銅分を含有した沈殿物を生成させ、そこから低品位銅を回収しています。

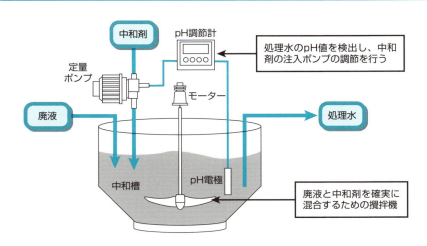

廃液の中和処理の基本方式＊

＊**酸洗**：金属表面に付いた酸化物を除去するため、酸溶液中に浸けて表面を清浄にする方法。
＊…**の基本方式**：(財)日本産業廃棄物処理振興センター「平成19年度　産業廃棄物又は特別管理産業廃棄物処理業の許可申請に関するテキスト」を基に作成。

3-5 廃プラスチック類の処理方法

廃プラスチック類は、石油由来の産業廃棄物であるため、化学的な処理を加えることによって再利用することができます。リサイクル手法としては、マテリアルリサイクル、ケミカルリサイクル、サーマルリサイクル、固形燃料化などがあります。

▶▶ 廃プラスチック類とは

廃プラスチック類は、使用後廃棄された各種のプラスチック製品とその製造過程で発生したくずなど、プラスチックを主成分とする産業廃棄物です。合成樹脂くず、合成繊維くず、合成ゴムくず（廃タイヤを含む）などがあります、

廃プラスチック類は、資源として再利用できる産業廃棄物であるため、リサイクルまで含めると、多様な処理方法があります。リサイクルではない、純然たる処理としては、焼却と安定型最終処分場での最終処分などがあります。ただし、焼却の場合でも、最近は、ただ単に廃プラスチック類を燃やす単純焼却ではなく、焼却熱を発電などに利用する熱利用焼却が主体となっています。

▶▶ 廃プラスチック類のリサイクル

廃プラスチック類のリサイクル手法としては、マテリアルリサイクル、ケミカルリサイクル、サーマルリサイクル、固形燃料化などがあります。

◆マテリアルリサイクル

マテリアルリサイクルとは、廃プラスチック類を溶かしてプラスチック原料に戻し、それを使って新しいプラスチック製品を製造するリサイクル手法です。ペットボトルや発泡スチロールなどは、マテリアルリサイクルが盛んに行われています。マテリアルリサイクルの場合は、材料の素材を統一するためにも、同一のプラスチック素材を用いる必要がありますので、分別や異物の除去が徹底して行われています。

3-5 廃プラスチック類の処理方法

◆ ケミカルリサイクル

　ケミカルリサイクルとは、廃プラスチック類を化学的に処理して、製品などの化学原料としてリサイクルすることです。ケミカルリサイクルには、油化、ガス化、高炉原料化、コークス炉化学原料化などの方法があります。**油化**とは、廃プラスチック類から石油に戻すことです。**ガス化**とは、廃プラスチック類を熱分解することでガス化し、水素や一酸化炭素などを生成するものです。**高炉原料化**とは、製鉄の際に酸化鉄から酸素をとる還元剤として廃プラスチック類を使用することです。**コークス炉化学原料化**とは、密閉した炭化室内でプラスチックを無酸素状態のまま熱分解し、高炉の還元剤となるコークス、化学原料となる炭化水素油、発電などに利用されるコークス炉ガスなどを回収し、利用するものです。

◆ サーマルリサイクル

　サーマルリサイクルとは、マテリアルリサイクルできない廃プラスチック類などを焼却し、その排熱をエネルギーとして有効利用することです。排熱の利用のほかに、廃棄物を燃料として利用することもサーマルリサイクルに含まれてきます。油化やガス化は、広義のサーマルリサイクルとして扱われる場合があります。

◆ 固形燃料化

　固形燃料化とは、ポリエチレンなどのプラスチック類と古紙などを原料とし、固形状の燃料を作ることです。この固形燃料は、**RPF**[*]と呼ばれています。RPFは、高カロリーの燃料であるため、石炭などの代替品として使用されています。

廃プラスチック類のリサイクル手法

リサイクル手法	内容	具体例
マテリアルリサイクル	廃プラスチック類を溶かすなどして、再びプラスチック製品の原料として、再生利用する	ペットボトルのリサイクル
ケミカルリサイクル	廃プラスチック類を加熱するなどして、化学的にプラスチックを分解し、ガスや燃料などとして、再生利用する	油化（プラスチックを石油に戻すこと） 高炉の還元剤
サーマルリサイクル	廃プラスチック類を燃料としてそのまま利用するもの	セメントキルンの燃料 ごみ発電 RPF

＊ **RPF**：Refuse Paper & Plastic Fuelの略。

3-6 紙くずの処理方法

紙くずの処理方法には、焼却や管理型最終処分場での埋め立てなどがあります。そのほかにも、古紙の場合は、製紙原料として再利用されています。感熱紙などの製紙原料として再利用できない紙くずは、RPF（固形燃料）としてリサイクルされています。

▶▶ 紙くずとは

　紙くずは、パルプ製造業、製紙業、紙加工品製造業、新聞業、出版業、製本業、印刷物加工業から排出される紙くずや、建築土木工事に伴って排出される紙製の諸材料・包装材などです。

　新聞紙や段ボールなどの古紙の場合は、取引市場がすでに形成され、回収ルートもしっかりと確立されています。しかし、産業廃棄物の紙くずには、一般的な古紙のほかにも、壁紙などの建設工事から発生したものまでありますので、中にはリサイクルが困難な紙くずがあります。家屋の解体工事によって発生する壁紙などが、その典型例です。そのようなリサイクルに適していない紙くずや、著しい汚れが付着したものなどは、焼却処理されています。焼却をせずに、直接、管理型最終処分場に埋められる場合もあります。紙くずを処分する場合は、焼却と最終処分が中心となっています。焼却や最終処分の前処理として、紙くずを破砕や切断処理する場合があります。

　環境省の調査によると、2015年度の紙くずの排出量は93.8万トンでした。そのうち、最終処分された紙くずの量は約1.9万トンなので、紙くずの最終処分率は、2%ということになります。また、再生利用された紙くずは約70万トンなので、排出された紙くずの75%が再生利用されていることになります。紙くずの再生利用の具体的な方法としては、製紙原料としての再利用や固形燃料化などがあります。

▶▶ 古紙の製紙原料としての再利用

　古紙の**製紙原料**としての再利用は、古くから進められてきたものです。現在、

3-6 紙くずの処理方法

製紙原料の約6割が古紙となっており、資源の大半を外国からの輸入に頼る日本にとっては、古紙は貴重な資源となっています。古紙の製紙原料への再生方法は、次のとおりです。まず、古紙を、水とか性ソーダなどと一緒にかきまぜ、繊維状にほぐします。次に、古紙に含まれる異物やインクを除去した後、過酸化水素水で古紙の漂白が行われます。そうして得られた繊維が古紙パルプで、再び製紙用の原料として使用できるようになります。

古紙などの紙くずは、この製紙原料化が可能ですが、感熱紙やラミネート紙などの場合は、製紙原料として再利用するには不純物が多く含まれているため、製紙原料化することができません。そのような製紙原料として再利用できない紙くずの場合は、RPFとして**固形燃料化**されています。RPFの製造方法は、次のとおりです。まず、原料となる廃プラスチック類と紙くずを破砕処理した後、磁力選別をかけ、鉄などの異物を除去します。次に、その原料を成型機に投入し、一定の大きさに成型します。最後に、成型品に送風するなどして冷却を行うと、RPFが完成します。RPFは、原料の配合を調節することによって、発熱量の調整が可能ですので、石炭などの化石燃料の代替品として利用されています。

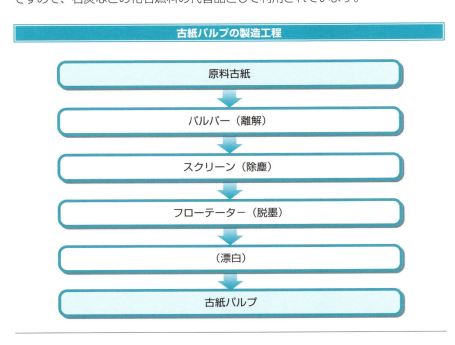

古紙パルプの製造工程

原料古紙 → パルパー（離解）→ スクリーン（除塵）→ フローテーター（脱墨）→（漂白）→ 古紙パルプ

3-7 木くずの処理方法

木くずは、原料や燃料として再生利用されています。原料としては、製紙原料、ボード原料、堆肥原料、マルチング材の原料などに利用されています。燃料としては、燃料用チップやバイオマス燃料などに利用されています。

▶▶ 木くずとは

木くずは、建設業、木材・木製品製造業、家具・装備品製造業、パルプ紙・紙加工品製造業などから排出される木材片、おがくず、バーク類などの廃材です。

従来、木くずの処理は、まず破砕処理をし、その後に焼却または最終処分というのが主流でした。しかし、**建設リサイクル法***の施行や、資源としての価値が再注目されたことに伴い、廃棄物としての処理よりも資源としてリサイクルすることが主流となりました。

環境省の調査によると、2015年度の木くずの排出量は725万トンでした。そのうち、木くずの最終処分率は3%であるため、最終処分された木くずの量は約22万トンとなります。また、木くずの再生利用率は83%ですので、再生利用された木くずの量は約602万トンとなります。木くずの再生利用方法を大別すると、原料化と燃料化の2種類に分けることができます。

▶▶ 木くずを原料として使う

木くずの原料としての使途は、製紙原料、ボード原料、堆肥原料、マルチング（雑草を防止するため街路樹などに敷設するチップ）材の原料などがあります。製紙原料として木くずを再利用する場合は、まず、木くずを細かく破砕し、チップに加工します。次に、チップをか性ソーダなどの薬品と高温で煮て、木材繊維を取り出します。取り出した木材繊維を洗浄・漂白し、製紙原料となる木材パルプに加工します。ボード原料として木くずを再利用する場合は、木くずを細かく破砕し、それを**パーティクルボード***や合板などの各種ボード用原料として加工しています。パー

---

*建設リサイクル法：資源の有効利用や廃棄物の適正処理を推進するため、建設工事で出る廃棄物の分別・リサイクルなどを定めた法律。
*パーティクルボード：木材の小片を接着剤と混合し熱圧成型した木質ボードの一種。

ティクルボードは、建設廃材の木くずを積極的に原料として受け入れています。

▶▶ 木くずを燃料として使う

　木くずの燃料としての使途は、燃料用チップやバイオマス燃料などがあります。**燃料用チップ**は、木くずを破砕してチップにし、それをボイラー燃料などに使用するものです。若干の付着物のあるものなど、原料としての再利用に適さない木くずを燃料用として利用しています。**バイオマス燃料**は、地球上に新たな二酸化炭素を発生させないエネルギーとして、近年、にわかに注目を集めだしたものです。木くずから抽出できるバイオマス燃料とは、**バイオエタノール**のことです。通常、バイオエタノールは、サトウキビやトウモロコシなどから抽出しますが、木くずから取り出すことも可能です。木くずからバイオエタノールを取り出す場合、粉々に破砕した木くずチップに水と硫酸を加えて、木くずの分解を行います。その結果、木くずは、糖分を含んだ分解液と、リグニンなどの分解されなかった残さ物の2種類に分解されます。そして、分解液にろ過や中和処理などを行い、エタノール発酵用の糖液を精製します。こうしてできた糖液から、バイオエタノールを抽出しています。

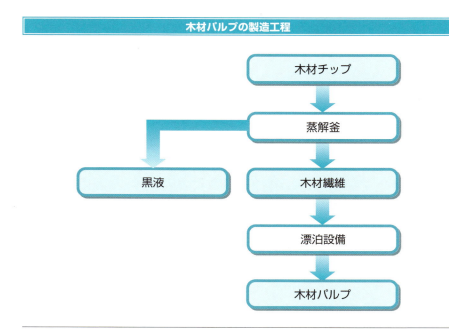

木材パルプの製造工程

3-8 繊維くずの処理方法

繊維くずは、RPF（固形燃料）の原料として使われています。ポリエステルなどの化学繊維の場合は、繊維原料として再生利用されています。繊維くずとプラスチックなどを混合して、擬木（ぎぼく）などの成型品の製造も行われています。

▶▶ 繊維くずとは

繊維くずは、繊維工業（紡績・織布工場）から排出される木綿くず、羊毛くずなどの天然繊維くず、工作物の新築・改装・除去にともなって発生する廃繊維製品などです。

環境省の調査によると、2015年度の繊維くずの発生量は9万トンでした。繊維くずの再生利用率は58%、最終処分率は14%でした。繊維くずは、発生量こそ少ないものの、最終処分率が高いことが特徴となっています。繊維くずの処理方法は、焼却後に管理型最終処分場で埋め立て処分されることがほとんどです。

繊維くずは、従来、工場での油などのふき取りに使う**ウエス**、機械でほぐして再び繊維として使用する**反毛**、**中古衣料**などに再利用されていました。しかし、繊維くずの中には、リサイクルに適していない材質のものが含まれていることもありました。また、廃棄物の埋め立て量をゼロにする「**ゼロエミッション運動**」の高まりなどから、廃棄物として処分しなければならないウエスの需要が振るわなくなりました。そのため、従来の手法のみでは、リサイクルを進めることが難しくなってきました。繊維くずの資源としての再利用を進めるため、新しいリサイクル手法が研究・開発され、実用化されています。まず、大部分の繊維くずは、RPF（固形燃料）の原料として利用することが可能ですので、RPFのカロリーを調節するためにも、原料として使われています。

天然のイグサでできた畳の場合は、ウエスや反毛などのリサイクル手法が使えません。そのため、天然の植物素材である特性を活用して、動物の飼料や敷きわら、堆肥の原料などに再利用されています。

3-8 繊維くずの処理方法

　近年、環境省から産業廃棄物広域認定を受け、繊維くずや廃プラスチック類のマテリアルリサイクルに取り組む繊維メーカーが増えてきました。**産業廃棄物広域認定**とは、メーカーなどが、産業廃棄物の処理を広域的に行うことに社会的なメリットがあると、環境省から認定を受けることで、メーカーなどに産業廃棄物処理業の許可取得が不要となる特例制度です。現在、広域認定を受けたメーカーなどを中心にして、繊維くずのリサイクルが進展しつつあります。ポリエステルなどの化学繊維の場合は、ケミカルリサイクルが可能なので、再び繊維原料として再生利用されています。そのほか、反毛化したうえで、他の製品の原料として再使用するマテリアルリサイクルも行われています。

　このような利用方法のほかにも、繊維くずとプラスチックなどを混合して、一定以上の強度を持たせた成型品の製造も行われています。成型品としては、木に似せて作られたプラスチク製品である**擬木**（ぎぼく）や、コンクリートを固めるための型枠などの原料として、繊維くずが利用されています。

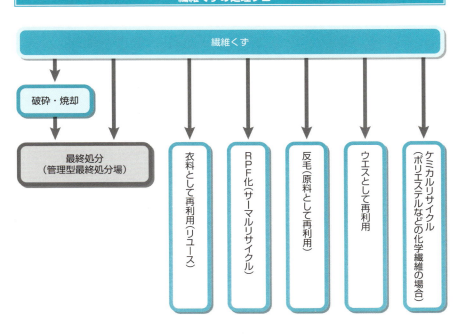

繊維くずの処理フロー

3-9 動植物性残さの処理方法

動植物性残さは、腐敗しやすく、悪臭や害虫の発生源となりうる産業廃棄物ですが、バイオマスエネルギーとして有効に再生利用することができます。主に、肥料や飼料として再生利用されていますが、メタンガス発酵などの技術も実用化されています。

▶▶ 動植物性残さとは

動植物性残さは、食料品、医薬品、香料製造業の製造工程から排出される産業廃棄物です。あめかす、のりかす、醸造かす、発酵かす、魚および獣のあらなどがあります。

環境省の調査によると、2015年度の動植物性残さの発生量は256万トンでした。動植物性残さの再生利用率は65％、最終処分率は1％でした。動植物性残さは、放置しておくとすぐ腐敗し、悪臭や害虫の発生源となりますので、乾燥や焼却などの安定化処理を行ったうえで、処分されています。

動植物性残さは、食料品や医薬品の原料で不要になったものですので、元々人間が食べることが可能なものばかりです。そのため、産業廃棄物としてエネルギーを使って廃棄物処理するよりも、資源として再利用する方が望ましい場合が多いため、いくつかの方法でリサイクルが行われています。最近では、再利用可能なエネルギーであるバイオマスエネルギーとして位置づけられ、国をあげて動植物性残さなどの有効利用が図られているところです。

▶▶ 動植物性残さの肥料化

動植物性残さの**肥料化**は、比較的簡単にできるリサイクル手法です。とくに、リサイクル施設の周辺で、農業など肥料の需要が大きい地域の場合は、有効なリサイクル手法です。肥料には、窒素、リン酸、カリなどの植物の養分となる成分が含まれている必要がありますので、それらの要素が十分に含まれている動植物性残さの場合は、水分を十分に取り除けば、高品質な肥料として再生利用することが

可能です。一般廃棄物として排出される食べ残しなどとは異なり、動植物性残さの場合は、排出事業者ごとにほぼ同じ状況下で発生しますので、一定の品質を維持しやすいことからも、肥料化しやすい素材です。

　動植物性残さは、動物などの飼料の原料としても利用されています。たんぱく質が多量に含まれている動植物性残さは、とくに**飼料化**に適しています。肥料化と同様、飼料化においても、動植物性残さが原料として品質的に安定しているかどうかが、重要なポイントになっています。

　肥料化と飼料化のほかに注目を集めているリサイクル手法として、メタン発酵があります。**メタン発酵**とは、動植物性残さを**嫌気性菌***群の働きによって分解・発酵させ、そこからメタンガスを取り出す手法です。メタン発酵の場合、どうしても残さ物が発生しますので、その処理が問題となりますが、バイオマスエネルギーの最たるものとして、今後の普及が期待されています。メタンガスは、エネルギーとしてそのまま利用することができ、メタンガスによって発電するプラントが実際に稼動しています。

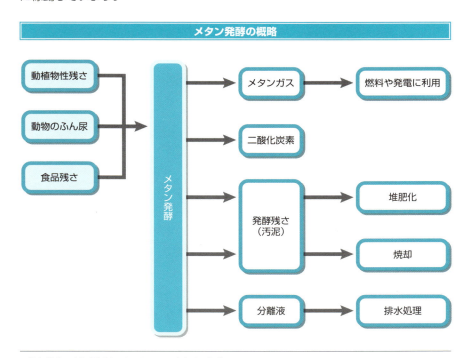

メタン発酵の概略

***嫌気性菌**：空気（酸素）のないところで生息する細菌。

3-10 金属くずの処理方法

金属くずのリサイクルには、鉄、銅、アルミニウムなどの精錬や、廃棄物から金属を回収する金属回収などの方法があります。使用済みパソコンなどのプリント基板からは、金や銀などの貴金属やレアメタルが回収されています。

▶▶ 金属くずとは

金属くずには、鉄鋼、非鉄金属の研磨くず、切削くずなど製造工程から排出されるものと、建築廃材の金属部分があります。

環境省の調査によると、2015年度の金属くずの発生量は約865万トンでした。金属くずの再生利用率は95%、最終処分率は2%でした。金属くずは、リサイクルしても品質が劣化しないものが多いため、活発な再生利用が行われています。

金属くずを処理する場合は、破砕や選別を行った後に、安定型最終処分場で処分されています。しかし、そのように廃棄物として単純な処理をされるのはまれで、その大部分は、何らかのかたちでリサイクルが行われ、資源として有効に活用されています。金属くずのリサイクルには、鉄などの精錬や、廃棄物から金属を回収する金属回収などの方法があります。

▶▶ 精錬とは

精錬とは、不純物が多い金属から、純度の高い金属を取り出すことです。鉄、アルミニウム、銅などの金属は、何度も精錬することが可能ですので、精錬を繰り返すことで、不純物が混じっていない金属として、何度も再生利用されています。たとえば、日本で1年間に生産される鉄の量は約1億トンですが、そのうちの約3割は、鉄スクラップを再精錬して生産されたものです。また、**ボーキサイト***からアルミニウムを精錬する場合には大量の電力が必要となりますが、アルミニウムくずからアルミニウムを再精錬する場合は、ボーキサイトからの精錬と比較すると、格段に少ない電力で精錬することが可能です。エネルギーや資源節約の観点から

＊**ボーキサイト**：アルミニウムの原料となる鉱石。

も、アルミニウムの再精錬には、非常に重要な意義があります。

金属回収とは

　金属回収とは、廃棄物の中から、鉄や銅などの再精錬可能な金属や、金や銀などの貴金属を取り出すことです。**再精錬**も、広義の金属回収に含まれるリサイクル手法です。たとえば、パソコンなどのOA機器に搭載されているプリント基板などには、金や銀などの**貴金属**のほか、パラジウムなどの世界全体でも少ししか存在しない**レアメタル**が含まれています。使用済みパソコンなどのプリント基板からは、これらの貴金属やレアメタルが回収されています。

　廃棄物から金を回収する場合は、王水を利用して回収するのが一般的です。**王水**とは、濃塩酸と濃硝酸を3対1の体積比で混合した溶液で、金や白金を溶かすことができます。王水中に溶解された金は、還元剤を加えることで、金属状態に戻ります。このような工程を経て、廃棄物の中から金だけを取り出して、高純度の金を精製しています。ただし、この方法では、金の回収のために使用した強酸性の排水処理が必要となっています。

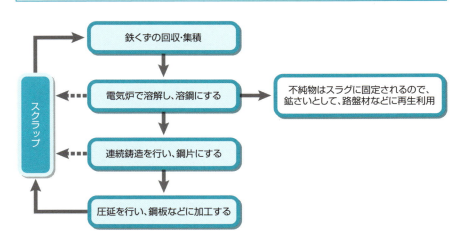

鉄くずのリサイクルフロー

3-11 ガラスくず、コンクリートくずおよび陶磁器くずの処理方法

ガラスくず、コンクリートくず、陶磁器くずは、破砕をして、安定型最終処分場に埋め立てられています。ガラスくずは、ガラス原料（カレット）、道路や歩道などの塗装材料、路盤材や再生骨材の原料としても再使用されています。

▶▶ ガラスくず、コンクリートくずおよび陶磁器くず

ガラスくず、**コンクリートくず**および**陶磁器くず**には、ガラス類（板ガラスなど）、製品の製造過程などで生じるコンクリートくず、インターロッキングくず、レンガくず、石こうボードなどが含まれます。環境省の調査によると、2015年度のガラスくず、コンクリートくずおよび陶磁器くずの発生量は約735万トンでした。ガラスくず、コンクリートくずおよび陶磁器くずの再生利用率は74％、最終処分率は17％ですので、リサイクルがかなり進んでいると考えることができます。

ガラスくず、コンクリートくずおよび陶磁器くずを廃棄物として処分する場合、破砕をして、大きさを小さくしたうえで、安定型最終処分場に埋めています。とくに、ガラス製のビンなどを最終処分する場合は、埋め立てスペースを有効に使うためにも、破砕をして小さくしています。

▶▶ ガラスくずのリサイクル

ガラスくずのリサイクル手法としては、ガラスびんなどを色別に破砕したうえで、**ガラス原料（カレット）**として再使用するものがあります。カレットをガラス原料として使用した場合、ケイ砂などのガラスのバージン燃料よりも低温で溶かすことができますので、資源とエネルギーの両方の節約になります。ガラスびんの需要が落ちているため、最近では、水を吸わないガラスの特性を活かし、カレットに砂利などを混ぜ合わせ、道路や歩道などの塗装材料に再生利用されることもあります。そのほか、ガラスくずは、路盤材や再生骨材の原料としても再生利用されています。

屋根瓦、石こうボードのリサイクル

屋根瓦などは、従来、再生利用する方法がほとんどありませんでしたので、破砕処理後に安定型最終処分場で最終処分されるのが一般的でした。しかし、瓦は、通気性・保水性に優れた特質をもっていますので、ガラスくずと同様に、舗装材として利用されるようになってきています。

石こうボードは、安定型ではなく管理型最終処分場で処分されています。石こうボードのリサイクルは、ボードメーカーなどが産業廃棄物広域再生利用指定を受け、石こうボードの原料として再生利用しています。そのほか、廃石こうボードは、セメント原料や土壌改良剤としても再生利用されています。土壌改良剤として廃石こうボードを再生利用する場合は、アルカリ性の土壌を改良するために使用されています。

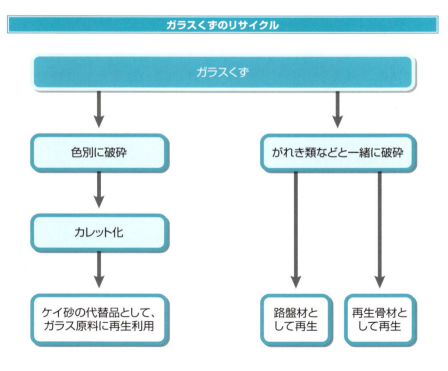

ガラスくずのリサイクル

3-12 鉱さいの処理方法

高炉や電気炉などから発生する鉄鋼スラグは、セメント原料、路盤材、アスファルトやコンクリートの再生骨材などに再生利用されています。鋳物廃砂は、路盤材や再生骨材、セメントの原料として再生利用ができます。

▶▶ 鉱さいとは

鉱さいには、高炉、転炉、電炉などの残さい、キューポラのノロ、ボタ、鉄鋼業、輸送機械製造業から排出される鋳物廃砂、非鉄金属製造業のアルミドロスなどがあります。

環境省の調査によると、2015年度の鉱さいの発生量は1,516万トンでした。鉱さいの再生利用率は93％、最終処分率は6％ですので、再生利用が進んでいる産業廃棄物といえます。しかし、再生利用されている鉱さいは、高炉や電気炉などから発生する鉄鋼スラグが中心となっており、鋳物廃砂や、アルミニウムの溶解によって発生するアルミニウムドロスなどは、まだまだリサイクルの余地があります。

鉱さいを廃棄物として処理する場合は、管理型最終処分場で最終処分されるのが一般的です。有害物質が含まれている鉱さいの場合は、遮断型最終処分場で最終処分されています。

▶▶ スラグ、ケイ砂の再生利用

高炉や転炉、電気炉などから発生した**スラグ**は、セメント原料として再生利用されています。セメント原料に鉱さいを利用するのは、鉱さいがセメントの粘度原料の代わりになるからです。現在、スラグのほかにも、汚泥、ばいじん、燃え殻など、他の方法ではリサイクルが進めにくい産業廃棄物が、粘度原料の代替物として、セメント産業で大量に再生利用されています。

スラグは、化学的に安定しており、かつ重金属が溶出しにくい構造になっていま

すので、路盤材としても再生利用されています。スラグは十分に固いため、路盤材のほかにも、アスファルトやコンクリートの再生骨材として利用することもできます。細かく砕くことで、砂の代替品としても利用されています。

　鋳物をつくるときに使われる鋳型の原料となる砂を**鋳物砂**と呼びます。鋳物砂の原料としては、**ケイ砂**が用いられています。この鋳物砂が廃棄されるとき、産業廃棄物の鉱さいとして処分または再生利用されることになります。鋳物廃砂は、スラグと同様に、路盤材や再生骨材として再生利用されています。そのほか、セメントの原料としても再生利用が可能です。鋳物廃砂は、鋳物砂と鉄が混じり合って排出されますので、再生利用をする前に、磁力選別などで鉄を除去する必要があります。鉄などの異物が除去された鋳物廃砂は、再度鋳物砂として再利用されています。また、磁力選別によって除去された鉄と砂の混合物は、鋳型に流し込む溶湯（溶かした金属）の原料として再利用されています。鋳物砂に使われるケイ砂の大部分は国産ですので、鋳物廃砂の再生利用は、ケイ砂という資源の節約にもつながっています。

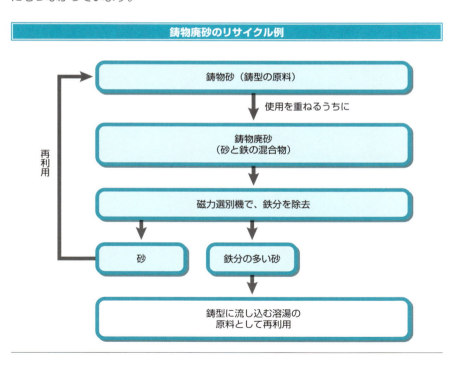

鋳物廃砂のリサイクル例

3-13 がれき類の処理方法

がれき類は、破砕処理後に、再生路盤材、再生砕石、再生アスファルト合材、再生骨材などとして再利用されています。再利用されないがれき類は、破砕処理で大きさを小さくしたうえで、安定型最終処分場に埋めています。

▶▶ がれき類とは

がれき類は、家屋・ビルなどの建物などの撤去時に出るコンクリートや舗装補修工事で掘り起こされたアスファルトがらなどの産業廃棄物です。がれき類を処理する場合は、破砕処理でがれき類の大きさを小さくしたうえで、安定型最終処分場に埋めています。

しかし、がれき類の場合は、安定型最終処分場に産業廃棄物として処分されるのはまれで、大部分のがれき類は、何らかのかたちで再生利用が行われています。がれき類は、排出元が建設工事などに限定されているため、画一的な取り扱いをすることが可能であるからです。環境省の調査によると、2015年度のがれき類の発生量は約6,421万トンでした。がれき類の最終処分率は2％しかなく、逆に再生利用率は96％ですので、がれき類の大部分は資源として再生利用されています。

▶▶ がれき類の再利用

がれき類を原材料として再利用できるものとしては、再生路盤材、再生砕石、再生アスファルト合材、再生骨材などがあります。

◆ 再生路盤材

路盤材とは、道路の舗装の基礎となる路床の上に敷かれる路盤の材料のことです。路盤は、道路にかかる車などの重さを路床に伝える役割をもっています。コンクリートやアスファルトなどを細かく破砕し、40mm程度の大きさにそろえたものを、再生路盤材として再利用しています。

3-13 がれき類の処理方法

◆ 再生砕石

砕石とは、建築物の基礎に敷き詰められる小石のことで、通常は採石場などで、山から取れる岩盤を砕いてつくられます。路盤材と同様、コンクリート塊を破砕し、大きさを一定規模以下にそろえたものを、砕石の代替品である再生砕石として利用しています。

◆ アスファルト合材と再生骨材

舗装用のアスファルトは、原油を精製して製造されたアスファルトに、骨材などのアスファルト合材を混合してつくられたものです。破砕したがれき類は、アスファルト合材としても再生利用されています。

骨材とは、コンクリートやアスファルトの原料となる砂や砂利のことです。細かく破砕されたがれき類は、再生骨材として流通しています。

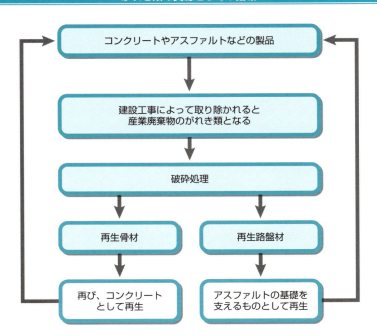

がれき類の資源としての循環

3-14 感染性廃棄物の処理方法

感染性廃棄物は、バイオハザードマークを付けられた専用の保管容器で運搬され、焼却施設や溶融施設で、そのまま処理されています。感染性廃棄物のトレーサビリティを確保するため、ICタグを利用して追跡を行う手法も開発されています。

▶▶ 感染性廃棄物とは

感染性廃棄物とは、医療機関などから発生した血液など、人が感染するおそれのある廃棄物のことです。感染性廃棄物は、最終処分場に埋め立てることができませんので、焼却か溶融処分をされています。感染性廃棄物を、そのままの状態でリサイクルする技術というものはありません。感染性廃棄物は、保管から処理が終わるまでの間、特別管理産業廃棄物として、非常に大きな注意を払われながら、慎重に取り扱われています。

▶▶ 感染性廃棄物の保管と運搬

まず、保管の際には、感染性廃棄物とそれ以外の廃棄物が混入すると危険ですので、感染性廃棄物を分別して、専用の保管容器に保管しています。感染性廃棄物の保管容器には、**バイオハザードマーク**が付けられており、感染性廃棄物を保管していることを明確に示せるようになっています。

感染性廃棄物を運搬するときは、専用の保管容器をそのまま運搬車両に積み込み、外部に飛散・流出しないよう、慎重に運搬されています。感染性廃棄物は、その性質上、長期間大量に保管するべきものではありませんので、1回の運搬量は比較的少量になりがちです。

そのため、運搬車両として、ワンボックスカーや保冷機能が付いた車両が用いられることが多くなっています。

感染性廃棄物の処分

感染性廃棄物を処分するときは、保管容器ごと処理施設に投入され、焼却または溶融処理が行われています。焼却や溶融を行う場合は、感染性廃棄物のみを単独で処分しなければならないわけではなく、他の産業廃棄物と混合した状態で焼却などが行われています。感染性廃棄物の処理方法としては、焼却と溶融処理のほかにも、**高圧蒸気滅菌装置（オートクレーブ）** を用いた滅菌、**乾熱滅菌装置** を用いた滅菌、消毒などの方法があります。ただし、高圧蒸気滅菌装置、乾熱滅菌装置、消毒の場合は、滅菌などが完全に行われるよう、感染性廃棄物を破砕したうえで処理しています。

感染性廃棄物のトレーサビリティ

マニフェスト（産業廃棄物管理票）制度が導入されたきっかけは、感染性廃棄物の不法投棄でした。感染性廃棄物は、病原菌という人体への直接的な危険性がある廃棄物ですので、一般的な産業廃棄物以上に慎重な対応がなされています。近年、感染性廃棄物が適切に処理されているかどうかを、マニフェスト以外の方法によってリアルタイムで確認する方法として、保管容器に貼り付けた**ICタグ**＊を利用する手法が開発されました。ICタグの働きによって、感染性廃棄物の流れを、瞬時にリアルタイムで把握することが可能となりましたので、感染性廃棄物の**トレーサビリティ**（追跡の可能性）を確保できる手段として普及が期待されています。

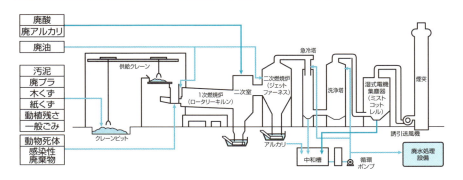

感染性廃棄物の焼却処理の流れ＊

＊ICタグ：物の識別のためにICチップと小型アンテナが組み込まれた荷札（タグ）のこと。
＊…流れ：環境省「平成19年版環境・循環型白書」より。

3-15
アスベストの処理方法

アスベスト廃棄物には、飛散性アスベストと非飛散性アスベストがあります。飛散性アスベストの処理には、セメント固化などを行って管理型最終処分場に埋め立てる方法と、溶融処理をしてアスベストが検出されない状態にする方法があります。

▶▶ アスベストとは

アスベストは、蛇紋石や角閃石が繊維状に変形したもので、天然の鉱石です。石綿と呼ばれることもあります。アスベストは、酸やアルカリに溶けず、燃えないで高温に耐える不燃性や、電気の絶縁性に優れています。また、比較的安価で入手できるため、「奇跡の鉱物」として、建設資材や自動車、電気製品などに幅広く用いられていました。しかし、アスベストの繊維は非常に細いため、人の肺に吸入されると、数十年の潜伏期間を経て、肺がんや中皮腫の原因になることが徐々に明らかになってきました。そのため、ビルなどの建築工事現場では、防音や断熱の目的でアスベストの吹き付けが行われていましたが、1975年以降、アスベストの吹き付けは禁止されました。現在では、代替材料がないため特別に認められた例外を除けば、石綿の製造は全面的に禁止されています。

▶▶ アスベスト廃棄物の処分

アスベスト廃棄物には、アスベストそのもののように、そのままの状態で空気中に飛散してしまう**飛散性アスベスト**と、アスベストを含んでいても破砕や切断などをしないかぎりは空気中にアスベストが飛散するおそれが少ない**非飛散性アスベスト**の2種類があります。飛散性アスベストは特別管理産業廃棄物として、非飛散性アスベストは産業廃棄物として、それぞれ処分されています。

飛散性アスベストの例としては、建築物の壁面に吹き付けられたアスベストや、保温材として使われたアスベストなどがあります。それらのアスベスト廃棄物を建築物から除去する際には、作業場所を周囲から隔離し、作業場所内の気圧を下げ

3-15 アスベストの処理方法

た負圧状態で除去作業が行われています。

　飛散性アスベストの処理方法は、固形化または薬剤による安定化を行い、さらに耐水性の材料で二重梱包をしたうえ、特別管理産業廃棄物として管理型最終処分場に埋め立てる方法と、溶融処理をしてアスベストが検出されない状態にする方法の2種類があります。溶融は、アスベストを完全に無害化することが可能な方法ですが、アスベストを溶融するための施設数がまだ少ないため、管理型最終処分場への埋め立てが、飛散性アスベスト処理の主流となっています。

　非飛散性アスベストの例としては、アスベストを含有したスレートなどがあります。非飛散性アスベスト廃棄物を建築物から除去する場合は、飛散防止シートを周囲に張り巡らし、散水などを行って十分に廃棄物を湿らせたうえで、手作業で慎重に除去されています。そのようにして除去されたアスベスト含有廃棄物は、運搬するための必要最小限度の切断などを除けば、破砕などの中間処理をすることなく、安定型最終処分場に搬入され、速やかに埋め立て処分されています。

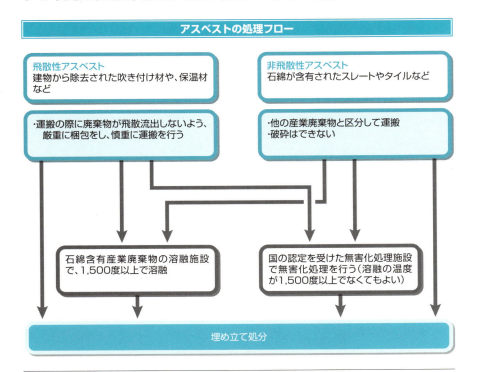

3-16 PCB廃棄物の処理方法

PCB廃棄物は、全国5ヶ所（北海道、東京、豊田、大阪、北九州）に設置された処理施設で処理されています。PCB廃棄物を処理する技術には、脱塩素化分解法、水熱酸化分解法、還元熱化学分解法、光分解法、プラズマ分解法の5つの方法があります。

PCBとは

ポリ塩化ビフェニル（PCB*）は、燃えにくく絶縁性にも優れているため、1960年代までは、高圧トランス（変圧器）、高圧コンデンサ（蓄電器）、蛍光灯の安定器などの電気製品のほか、ノンカーボン紙にも使用されていました。

しかし、1968年、PCBが混入した米ぬか油を摂取した人に重大な健康被害を巻き起こしたカネミ油症事件が発生したことを機に、PCBのもつ人体への有害性が明らかになったため、1972年以降は製造が行われなくなりました。

PCBは、生体に対する毒性が高いうえに、脂肪に蓄積しやすい性質があります。また、体内にPCBを摂取してしまうと、ガンや皮膚障害の原因となることが明らかにされています。

このような危険性をもっているため、PCB廃棄物を廃油と同様に焼却してしまうわけにもいかず、それを保管し続けるしかありませんでした。しかし、2001年のPCB特措法*の制定に伴い、全国5ヶ所（北海道、東京、豊田、大阪、北九州）でPCB廃棄物の処理施設が設置され、処理が始まりました。

PCB廃棄物の処理技術

PCB廃棄物を処理する技術としては、脱塩素化分解法、水熱酸化分解法、還元熱化学分解法、光分解法、プラズマ分解法などの5種類の手法があります。

脱塩素化分解法は、PCBの塩素とアルカリ剤を反応させて、PCBの塩素を水素などに置き換え、PCBを化学的に分解するものです。

＊**PCB**：Poly Chlorinated Biphenylの略。
＊**PCB特措法**：PCB廃棄物をもつ事業者に適正処分などを義務付けた法律。

3-16 PCB廃棄物の処理方法

水熱酸化分解法は、超臨界水あるいは超臨界状態に近い水によって、PCBを塩、水、二酸化炭素に分解するものです。

超臨界水とは、液体と気体の境界線がなくなる臨界点（温度374度、圧力220気圧）付近に調整された水で、液体でも気体でもない状態になっています。超臨界水を利用すると、有害な副産物を出すことなく、PCBを処理することが可能です。

還元熱化学分解法は、酸素が少ない条件下で熱化学反応によってPCBを塩、燃料ガスに分解する方法です。

光分解法は、紫外線でPCBを構成している塩素を取り外すことで、PCBを分解する方法です。

プラズマ分解法は、プラズマの働きによって、PCBを二酸化炭素や塩化水素などに分解する方法です。

PCB処理方法[*]

名称	方式	特徴
高熱焼却	微細な液滴としたPCBを炉に噴射し消却する方法	コスト面から有効な方法であるが、焼却により燃焼ガスが発生する
脱塩素化分解	薬剤などと十分に混合し、脱塩素化反応により分解する方法	主たる生成物は脱塩素化された処理済油。触媒分解も含む
水熱酸化分解	高温高圧の水中において分解する方法	PCBを含む有機物を、二酸化炭素、水、塩類の無機物にまで分解する方法。主たる生成物は処理済水
還元熱化学分解	還元雰囲気の高温下において分解する方法	主たる生成物は、メタン、一酸化炭素などの還元ガス
光分解	光化学反応により分解する方法	PCBを光分解により低塩素化し、反応終了後の混合物を触媒などによる脱塩素化分解または生物分解により処理する
プラズマ分解	プラズマ分解による高温下で分解する方法	主たる生成物は処理済油または処理済水。主たる生成物は一酸化炭素、二酸化炭素、塩化水素、水素などである

[*]…処理方法：環境省「平成19年版環境・循環型社会白書」より。

産業廃棄物処理施設で事故が起こった！

　産業廃棄物処理施設は、通常の稼動でも周囲の生活環境に影響を及ぼす施設ですので、事故が発生しないようにしなければなりません。しかし、事故は起きるときには起きるものですので、あらかじめ、万が一事故が発生した場合の備えも考えておかねばなりません。

　産業廃棄物処理施設で事故が発生した場合には、まず施設の稼動を止めて、事故による被害が拡大しないよう、応急措置を取ることが鉄則です。「施設の稼動を止める」までは、誰でもすぐに思いつくのですが、問題は「適切な応急措置とは何か」ということになります。「応急」とは、「とにかく急ぐ」という意味ではなく、「急（変）に応じた」措置を取ることを意味します。たとえば、焼却炉などで事故が発生し、破損した炉から火が吹き上げてしまうと、とっさに水で消火しようとしてしまいますが、そこで水を大量にかけてしまうと、水の気化が一気に進んでしまい、水蒸気爆発を起こすことがあります。このような場合、本来なら、施設を停止し、炉を補修するだけで済んだはずが、施設の爆発という、死亡者が出てもおかしくない大きな事故に発展してしまいます。

　事前にすべての事故を想定することは不可能ですが、産業廃棄物処理施設の種類に応じた、絶対にやってはいけない応急措置を研究しておくことは、大変重要です。

　事故が起こった場合には、施設の修理を行うことで終わるのではなく、「事故の原因」を精査し、「最適な対応策は何だったのか」を検討したうえで、それらを記録として保存することが大切です。また、事故に関する一連の記録は、会社全体の財産として共有することが重要です。起こってしまったことを無かったことにすることはできませんが、過去の教訓に学び、二度と事故を起こさないようにすることが必要です。

第**4**章

産業廃棄物を適正処理するには

　産業廃棄物は、排出事業者が自らの責任で適正に処理することになっています。産業廃棄物の処理を他人に委託する場合には、産業廃棄物の名称、運搬業者名、処分業者名、取り扱い上の注意事項などを記載したマニフェスト（産業廃棄物管理票）を渡して、委託した産業廃棄物が適正に処理されていることを把握する必要があります。

　この章では、産業廃棄物を排出するときの委託契約書の書き方やマニフェストの発行管理方法などについて、具体的に説明します。

4-1 産業廃棄物の処理を委託するには

産業廃棄物の処理責任は排出事業者にあります。排出事業者自らの力で産業廃棄物を処理できない場合は、産業廃棄物処理業者などに産業廃棄物の処理を委託します。産業廃棄物の処理を委託する場合には、処理業者へマニフェストを渡します。

▶▶ 産業廃棄物の処理責任

廃棄物の定義や処理責任の所在、処理方法・処理施設・処理業の基準などを定めた法律に「**廃棄物の処理及び清掃に関する法律**」（**廃棄物処理法**）があります。廃棄物処理法によると、廃棄物の処理は、産業廃棄物は排出事業者が処理責任をもち、事業者自らが処理するか、または排出事業者の委託を受けた許可業者が処理することになっています。

産業廃棄物の処理を他人に委託する場合には、産業廃棄物を引き渡す際に、産業廃棄物の名称、運搬業者名、処分業者名、取り扱い上の注意事項などを記載した**マニフェスト**（**産業廃棄物管理票**）を渡します。マニフェストを産業廃棄物と一緒に流通させることにより、産業廃棄物に関する正確な情報を伝えるとともに、委託した内容どおりの処理が適正に行われたことを確認します。

▶▶ 産業廃棄物の処理委託の流れ

まず、排出事業者は、産業廃棄物の処理を委託できる産業廃棄物処理業者を選定し、産業廃棄物処理委託契約を締結し、**産業廃棄物処理委託契約書**を作成します。

次は、産業廃棄物の引き渡し段階です。排出事業者は、産業廃棄物処理業者に対し、マニフェストとともに、産業廃棄物を引き渡します。

排出事業者から産業廃棄物とマニフェストを受け取った産業廃棄物処理業者は、委託契約に基づき、適切な産業廃棄物の処理を進めます。そして、産業廃棄物の運搬や処分をそれぞれ完了させた段階で、排出事業者に対し、「処理済み」の記載をしたマニフェストを順次返送します。

4-1 産業廃棄物の処理を委託するには

　産業廃棄物処理業者からマニフェストの返送を受けた排出事業者は、すぐにマニフェストの記載内容をチェックし、産業廃棄物委託契約書に記載したとおりに処理されたか、期限内に返送されてきたかなどを、必ず確認します。

　排出事業者のところに、最後のマニフェストE票が無事に返送されてくれば、排出事業者が委託した産業廃棄物の処理は、ひとまず終了ということになります。

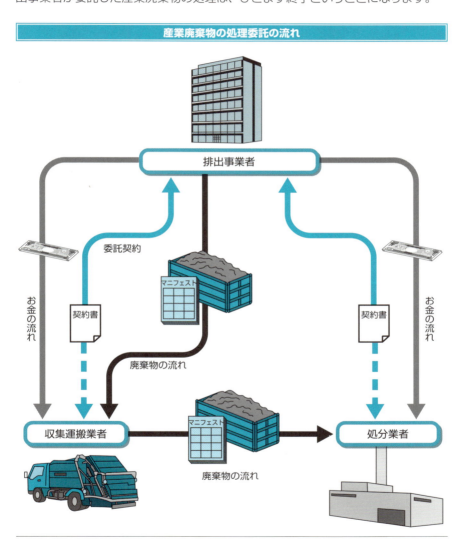

産業廃棄物の処理委託の流れ

4-2 産業廃棄物の処理を委託するときのルール
委託基準

　産業廃棄物処理業者に処理を委託する場合には、委託契約書の締結やマニフェストの交付など、排出事業者が守らなければならない一定のルールがあります。このルールを委託基準といいます。

▶▶ 委託基準とは

　産業廃棄物を自分で処理できない場合は、産業廃棄物処理業の許可をもった専門の処理業者に頼んで、産業廃棄物を処理してもらいます。そのときに排出事業者が守るべき産業廃棄物処理の委託方法（**委託基準**）が、廃棄物処理法によって定められています。具体的には、

　　①委託先
　　②委託契約書の作成
　　③マニフェストの交付
　　④委託契約書とマニフェストの保存

などに関する基準が定められています。

▶▶ 委託先の選定

　産業廃棄物の処理を委託するときは、産業廃棄物処理業の許可をもった処理業者に委託します。また、当然のことですが、産業廃棄物処理業の許可をもっているならば、どんな許可でも良いということではありません。委託しようとしている産業廃棄物そのもの（紙くず、木くずなど）を処理できる許可でなければなりません。たとえば、木くずの運搬を依頼する場合は、木くずの収集運搬許可をもっている産業廃棄物処理業者に運搬を委託します。

委託契約書の作成とマニフェストの交付

　排出事業者と処理業者の間で、産業廃棄物処理委託契約を締結し、委託契約書を作成します。
　排出事業者は、処理業者に対し、産業廃棄物とマニフェストを一緒に引き渡します。マニフェストは、産業廃棄物の種類ごと、運搬先ごとに交付します。

産業廃棄物処理委託契約書とマニフェストの保存

　産業廃棄物の処理終了後、産業廃棄物処理委託契約書は、契約終了の日から5年間保存します。マニフェストは、産業廃棄物処理業者から返送されてきたときから5年間保存します。

廃棄物を委託する際の基準

① 産業廃棄物処理業者の事業の範囲、許可証の確認（収集・運搬は積み込みと積み下し場所の許可の確認）

② 産業廃棄物の処理委託に際しては、収集運搬と処分のそれぞれの許可業者と契約

③ 事前に、産業廃棄物処理業者と書面による委託契約（許可証の写しを添付、最終処分の場所を確認）

④ 産業廃棄物管理票（マニフェスト）の交付および搬出時の立会

⑤ 処理の確認

⑥ 交付したマニフェストの写しが未回収の場合には知事または政令市長への報告

⑦ 書類（契約書、マニフェスト）の保管（5年間）

4-3 処理業者と委託契約書を結ぶ

委託契約書とは、排出事業者が産業廃棄物の処理を産業廃棄物処理業者に委託する際に締結する契約書のことです。委託契約書は、排出事業者と産業廃棄物処理業者の2者間で締結します。

▶▶ 委託契約書とは

委託契約書とは、排出事業者が産業廃棄物の処理を産業廃棄物処理業者に委託する際に締結する契約書のことです。

通常の契約行為は、当事者間の意思の合致だけで成立し、契約書という書類があるかどうかは、契約の効力に関係がありません。しかし、産業廃棄物の処理委託契約は、排出事業者と産業廃棄物処理業者間で、委託契約書を作成し、書面による契約を結ぶ必要があります。

▶▶ 委託契約の当事者

排出事業者が、産業廃棄物の「収集運搬」と「中間処理」のそれぞれを処理業者に委託する場合は、

①収集運搬については、排出事業者と収集運搬業者
②中間処理については、排出事業者と中間処理業者

と2者間で直接契約しなければなりません。

過去、産業廃棄物処理業者に関する情報が乏しい時代は、処理先の確保や金銭の支払いなど収集運搬業者頼みの面があり、排出事業者、収集運搬業者と中間処理業者という3者契約が認められていたときがありました。しかし、現在では、2者契約が原則となっています。ただし、収集運搬と中間処理を同一の処理業者が行う場合は、1つの契約書で契約することができます。

4-3 処理業者と委託契約書を結ぶ

中間処理した後の産業廃棄物の処分に関しては、中間処理業者と最終処分業者との処理委託契約になります。

委託契約書を作成する理由

産業廃棄物処理委託契約書は、排出事業者と産業廃棄物処理業者の合意に基づき、産業廃棄物の処理方法などを書面の形で明確にしておくために作成します。

委託契約書は、産業廃棄物処理の基本方針を示すものであり、排出事業者と産業廃棄物処理業者の間で、産業廃棄物の処理を委託した事実があったことを証明する書面となります。委託契約書が存在しないと、処理業者が誰の産業廃棄物を処理しているのかわからなくなります。排出事業者の処理責任を果たすためにも、委託契約書を作成し、誰に産業廃棄物の処理を依頼したのかを書面で保存しておくようにしましょう。

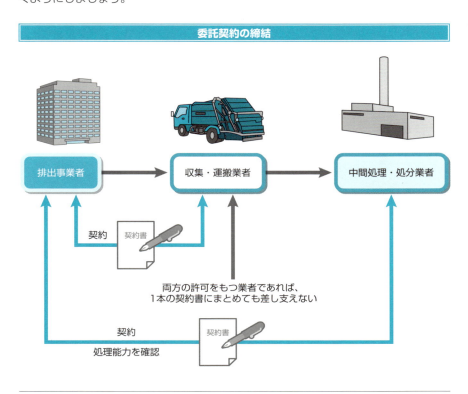

委託契約の締結

4-4 委託契約書にはどんなことを書くのか

委託契約書には、委託する産業廃棄物の種類・数量など必ず記載しなければならない項目がいくつかあります。それらの事項は必ず記載するようにしましょう。

▶▶ すべての委託契約書に記載する事項

産業廃棄物処理の委託契約書に、記載する事項を大別すると、「誰と誰の契約なのか」、「何を」、「どのように」の3種類になります。

まず、「**誰と誰の契約なのか**」を明らかにするため、排出事業者と、産業廃棄物処理業者の名称などを記載します。また、委託する産業廃棄物を処理するのに必要な、その処理業者がもっている許可の内容を契約書に記載します。そして、契約書の末尾に産業廃棄物処理業の許可証のコピーを添付し、適切な処理業者への委託であることを明確にしておきます。次に、「**何を**」委託するのかを契約書上で明らかにするため、木くずや廃油などの具体的な産業廃棄物の種類とその数量を記載します。また、産業廃棄物を処理してもらう料金も、必ず委託契約書に記載します。

「**どのように**」委託するのかという点に関しては、産業廃棄物の発生工程や、性状・荷姿など、産業廃棄物を安全に処理するのに必要な情報提供の方法を、契約書に明記します。また、産業廃棄物の処理後に、処理業者から排出事業者にその報告を行う方法を、契約書で定めておきます。通常は、マニフェストを返送することで報告を行うこととしています。

そのほか、契約の期間や、万が一契約解除になった場合に、残された産業廃棄物をどうやって処理するのかなども、必ず契約書に記載します。

▶▶ 運搬先や処理方法についての契約書記載事項

収集運搬の委託契約の場合には、中間処理場や最終処分場などの、具体的な運搬先を必ず記載します。積替え・保管を行う場合は、積替え・保管を行う場所の所在地、その場所で保管できる産業廃棄物の種類や保管量の上限などを記載します。

4-4 委託契約書にはどんなことを書くのか

　また、積替え保管場所において、**安定型産業廃棄物***と他の産業廃棄物とを混合させてもよいかどうかを、契約書上で明らかにしておきます。

　中間処理や最終処分を委託する場合は、「**どのように**」処理をするのかを特に明確にします。具体的には、中間処理や最終処分を行う場所の所在地、破砕や埋め立てなどの産業廃棄物の具体的な処理方法、処理施設の処理能力（たとえば、1日当たり10トン）などを記載します。

委託契約書の記載事項

① 委託する産業廃棄物の種類と数量
② 収集運搬を委託するときは、運搬の最終目的地
③ 中間処理を委託するときは、中間処理する場所の所在地、処理方法、処理施設の処理能力
④ 最終処分を委託するときは、最終処分する場所の所在地、最終処分方法、最終処分施設の処理能力
⑤ 委託契約の有効期間
⑥ 委託者が受託者に支払う料金
⑦ 受託者の事業の範囲
⑧ 運搬受託者が積み替え・保管を行う場合は、積み替え・保管場所の所在地、保管できる産業廃棄物の種類、保管の上限
⑨ 運搬受託者が安定型産業廃棄物の積み替え・保管を行う場合は、他の産業廃棄物と混合することの可否
⑩ 産業廃棄物を適正に処理するために必要な、委託者から受託者への情報提供に関すること
　※産業廃棄物の性状および荷姿
　※腐敗、揮発などの性状の変化
　※他の廃棄物との混合などにより生ずる支障
　※JIS規格の含有マークの表示がある場合はその旨
　※石綿含有産業廃棄物が含まれる場合はその旨
　※その他、産業廃棄物を取り扱う際の注意事項
⑪ ⑩の事項に変更があった場合に、どうやってその情報を伝達するか
⑫ 受託業務終了時の報告
⑬ 委託契約を解除した場合に、処理されずに残った産業廃棄物をどうするか

* **安定型産業廃棄物**：廃プラスチック類、ゴムくず、金属くず、ガラスくず、コンクリートくずおよび陶磁器くず、がれきの5種類の産業廃棄物のこと。

4-5 排出事業者が行うべき情報提供

排出事業者は、委託契約書の中で、「産業廃棄物の性状や荷姿」のほか、具体的な産業廃棄物の取扱注意点を記載する必要があります。特別管理産業廃棄物の場合は、委託のたびに、廃棄物の種類と数量その他を、あらかじめ文書で通知しなければなりません。

▶▶ 排出事業者が情報提供を行う必要性

　産業廃棄物は、さまざまな排出事業者の下から、多種多様に発生するため、廃棄物を安全に処理するためには、廃棄物処理業者がそれぞれの廃棄物に関する注意点を知っておくことが不可欠です。そのため、排出事業者から廃棄物処理業者に対し、廃棄物に関する情報提供を適切に行う必要があります。

　排出事業者が適切な情報提供を行わなかったために、廃棄物処理業者のところで実際に発生した事故としては次のようなものがあります。

　廃棄物の回収時　パッカー車で廃棄物を圧縮する際に、廃棄物の中に残っていたガスなどが引火・爆発し、パッカー車が炎上しました。

　廃棄物の保管時　排出事業者が、引火性がある廃棄物であることを知らせずに回収をさせたため、処理業者のところで保管中の廃棄物が自然発火し、火災の原因となりました。

　廃棄物の処分時　廃棄物の中に塗料（シンナー）が含まれていたため、破砕処理の途中で発火し、火災の原因となりました。

　以上の事例は、排出事業者が事前に処理業者に対して情報提供を行い、危険物を混入させないように気を付けていれば、事故の発生を防げたものばかりです。処理業者を危険にさらすことがないよう、確実に情報提供を行うようにしましょう。

▶▶ 排出事業者から処理業者に提供しなければならない情報

　委託契約書には、排出事業者の責任において、産業廃棄物の適正な処理に必要な情報を記載しなければなりません。その情報を記載していない委託契約書は、

法定記載事項を満たしていないことになり、「3年以下の懲役または300万円以下の罰金」という非常に重い刑事罰の対象になってしまいます。

委託契約書に書かねばならない情報を1つずつ解説します。

「**産業廃棄物の性状や荷姿**」として、固形なのか、それとも液体なのかといった廃棄物の具体的な性状や、「ドラム缶」や「コンテナ」などの廃棄物を実際に排出するときの荷姿を書きます。

次に、「**通常の保管状況下で腐敗、揮発等の性状の変化**」など、運搬や保管の際に注意すべき廃棄物の取扱注意点を書きます。

その次は、「**他の廃棄物と混合することで生じる支障**」として、「廃酸」や「廃アルカリ」など、他の物質と混合することで化学反応を起こすものの場合は、その注意点を具体的に記載します。

そのほか、電子機器を廃棄物として処理委託する場合は「**化学物質含有マークの表示に関する事項**」や、産業廃棄物の中に石綿含有産業廃棄物が含まれている場合はその旨を記載します。

最後に、「**その他特筆すべき取扱注意点**」があれば、それも記載しておきます。

上記の情報を、委託契約書にそれぞれ記載することが原則となりますが、実務では、1つずつ委託契約書に記載するよりも、**WDS**＊（**廃棄物データシート**）や**MSDS**＊（**化学物質安全性データシート**）などを委託契約書に添付する方が一般的です。

なお、建設廃棄物など、明らかに危険性がない一般的な産業廃棄物の場合は、WDSのように精緻な資料を添付する必要はありませんが、「性状や荷姿」については法定記載事項ですので、具体的に委託契約書に記載しておきましょう。

▶▶ 特別管理産業廃棄物を委託する際の注意点

特別管理産業廃棄物の処理を委託する際は、委託をするたびに、委託契約書に記載した情報提供内容と、「特別管理産業廃棄物の種類と数量」を記載した内容を、あらかじめ処理業者に文書で通知することが必要です。この義務を怠ると、委託基準違反として、「3年以下の懲役または300万円以下の罰金」という非常に重い刑事罰の対象になります。特別管理産業廃棄物の場合のみ、「委託契約書での情報提供」と「委託をする際の事前の情報提供」の両方が必要なことに注意してください。

＊**WDS**：Waste Data Sheetの略。
＊**MSDS**：Material Safety Data Sheetの略。

4-5 排出事業者が行うべき情報提供

WDSの書式例*①

添付資料3

添付資料3　廃棄物データシート記入例
記入例1　化学工業：廃液（ヘキサメチレンテトラミン）

＜表面＞　　　　　　　　　廃棄物データシート（WDS）　　　　　　管理番号 ＊＊＊＊-＊＊-＊＊＊＊

※1 本データシートは廃棄物の成分等を明示するものであり、排出事業者の責任において作成して下さい。
※2 記入については、廃棄物データシートの記載方法を参照ください。

作成日　平成○○年○○月○○日　　　　　　　　　　　　　記入者 ○○ ○○

1	排出事業者	名称	株式会社	所属 ○○○○部
		所在地	〒***-**** ○○県○○市 ○○町○丁目○番○号	担当者 ○○ ○○　TEL ****-**-****　FAX ****-**-****
2	廃棄物の名称		廃液	
3	廃棄物の組成・成分情報（比率が高いと思われる順に記載）	主成分 ヘキサメチレンテトラミン 20～30％（全窒素濃度として ○○ppm） 他成分 ホルムアルデヒド ○○ppm　ナトリウム ○○ppm　残りは水		MSDSがある場合、CAS No. ヘキサメチレンテトラミン 100-97-0
	☑分析表添付（組成）	成分名と混合比率を書いて下さい。ばらつきがある場合は範囲で構いません。商品名ではなく物質名を書いて下さい。重要と思われる微量物質も記入して下さい。		
4	廃棄物の種類 ☑産業廃棄物 □特別管理産業廃棄物	□汚泥　□廃油　☑廃酸　☑廃アルカリ（pHによる） □その他（　　　　　　　　　　　　　　　　　　　　　　　　） □引火性廃油　□強アルカリ（有害）　□鉱さい（有害）　□廃アルカリ（有害） □引火性廃油（有害）□感染性廃棄物　□燃えがら（有害）　□ばいじん（有害） □強酸　□PCB等　□廃油（有害）　□13号廃棄物（有害） □強酸（有害）　□廃石綿等　□汚泥（有害） □強アルカリ　□指定下水汚泥　□廃酸（有害）		
5	特定有害廃棄物 （　）には 混入有りは○、 無しは×、混入の可能性があれば△ □分析表添付（廃棄物処理法）	アルキル水銀（×）　トリクロロエチレン（×）　1,3-ジクロロプロペン（×） 水銀又はその化合物（×）　テトラクロロエチレン（×）　チウラム（×） カドミウム又はその化合物（×）　ジクロロメタン（×）　シマジン（×） 鉛又はその化合物（×）　四塩化炭素（×）　チオベンカルブ（×） 有機燐化合物（×）　1,2-ジクロロエタン（×）　ベンゼン（×） 六価クロム化合物（×）　1,1-ジクロロエチレン（×）　セレン（×） 砒素又はその化合物（×）　シス-1,2-ジクロロエチレン（×）　ダイオキシン類（×） シアン化合物（×）　1,1,1-トリクロロエタン（×）　1,4-ジオキサン（×） PCB（×）　1,1,2-トリクロロエタン（×）		
6	PRTR対象物質	届出事業所（該当・非該当）、委託する廃棄物の該当（非該当・該当・非該当） ※委託する廃棄物に第1種指定化学物質を含む場合、その物質名を書いて下さい。 ヘキサメチレンテトラミン		
7	水道水源における消毒副生成物前駆物質	☑ヘキサメチレンテトラミン（HMT）　□1,1-ジメチルヒドラジン（DMH） □N,N-ジメチルアニリン（DMAN）　□トリメチルアミン（TMA）　□テトラメチルエチレンジアミン（MED） □N,N-ジメチルエチルアミン（DMEA）　□ジメチルアミノエタノール（DMAE）　□1,1-ジメチルグアニジン（DMGu）		
8	その他含有物質 （　）には 混入有りは○、 無しは×、混入の可能性があれば△ □分析表添付（組成）	硫黄（×）　塩素（×）　臭素（×） ヨウ素（×）　フッ素（×）　炭酸（×） 硝素（×）　亜鉛（×）　ニッケル（×） アルミ（×）　アンモニア（×）　ホウ素（×） その他（　　　　　　　　　）		
9	有害特性 （有）・無・不明	□爆発性　□引火性（　℃）　□可燃性　□自然発火性（　℃）　□禁水性 □酸化性　□有機過酸化物　□急性毒性　□感染性　□腐食性 □毒性ガス発生　□慢性毒性　□生態毒性　□重合反応性 ☑その他（皮膚腐食性、呼吸器感作性　　　　　　　　　　　　）		
10	廃棄物の物理的性状・化学的性状	形状 疎状（　）　臭い（　）　色（　）　比重 約1.2　pH（7程度） 沸点（　）　融点（　）　発熱量（　）　粘度（　）　水分（　）		
11	品質安定性	経時変化（有・無）　有る場合は具体的に記入		
12	関連法規	危険物（消防法）　特化則　特定化学物質障害予防規則）　有機溶剤・毒劇物・悪臭 ☑水質汚濁防止法指定物質		
13	荷姿	□容器（　）　☑車両（タンクローリー）　□その他（　　　）		
14	排出頻度・数量	頻度（スポット・継続予定） （10　）kg・t・ℓ・m3・本・缶・袋・個　／（年・月・週・日）		

*…の書式例：東京都ホームページ　廃棄物データシート記載例
(http://www.kankyo.metro.tokyo.jp/resource/industrial_waste/on_waste/commission/contract_commission.files/haikibutu-rei.pdf) より。

4-5 排出事業者が行うべき情報提供

WDSの書式例②

15	特別注意事項	※取り扱う際に必要と考えられる注意事項を記載
	(有)・無	・避けるべき処理方法、安全のため採用すべき処理方法 ・他の廃棄物との混合禁止 ・粉じん爆発の可能性 ・容器腐食性の可能性／注意点 ・廃棄物の性状変化などに起因する環境汚染の可能性 ・環境中に放出された後の支障発生の可能性　消毒用塩素等との反応により 　他の物質を生成し、水道取水障害に至る可能性等）　等 当廃液に含まれるヘキサメチレンテトラミンは、酸や塩素と反応しホルムアルデヒドとアンモニアになる。河川へ流出した場合水道水源に多大な影響を与えるため、焼却処理が望ましい。

【参考】 その他の情報

・サンプル等提供　（均一サンプル有）・不均一サンプル有　・サンプルの一部分有　・サンプル無　・写真有 ）

産業廃棄物の発生工程等　（　有　(無)　）
　（「廃棄物の組成・成分情報」を推定する根拠となる、使用原材料・有害物質・不純物の混入、排出場所
　がわかる発生工程の説明を書いてください。工程前からの持ち込み成分があれば書いてください。
　工程図への記入でも可。
　　処理業者においては、不純物混入の可能性や廃棄物成分のブレ幅の推定、分析頻度等の
　判断材料となります。）

＜排出事業者及び処理業者内容確認欄＞

No.	内容確認日時	排出事業者担当者	処理業者担当者	備考
	平成〇〇年 〇〇月〇〇日	〇〇課 〇〇〇〇	〇〇株式会社 〇〇〇〇	〇〇株式会社にて収集運搬

＜変更履歴＞

No.	変更日時	排出事業者担当者	処理業者担当者	変更内容

様式作成　環境省

第4章　産業廃棄物を適正処理するには

4-6 やってはいけない委託契約書の記載ミス

委託契約書には書かなければならない事項がたくさんあり、その中でも記載を怠ると大きな危機に直結する内容があります。「産業廃棄物の種類」や「産業廃棄物の委託数量」、「産業廃棄物の処理料金」の3つは、とくに書かねばならない事項です。

▶▶ 産業廃棄物の種類が記載されていない委託契約書

委託契約書には、「廃プラスチック類」や「木くず」といった**具体的な産業廃棄物の種類を書く**必要があります。しかし、実際には、具体的な産業廃棄物の種類が空白のままの委託契約書がよく見受けられます。これは、「単なる記載もれ」ですむ話なのでしょうか。

排出事業者が廃棄物の不法投棄に巻き込まれた場合に、まっ先に行政や警察から調査されるのは、委託契約書とマニフェストの記載内容です。そこで、委託物の具体的な種類が記載されていない契約書が出てくると、「不法投棄まがいの違法な処理を委託していた」とか、「排出事業者責任をおざなりにしていた」という認識を行政などからもたれてしまうのは間違いありません。その結果、「違法な取引をしていた」という前提で調査が進められ、それを裏付けるような資料が続々と見出され、排出事業者に措置命令を発出という、重大な危機に直面する排出事業者が後を絶ちません。

このような記載が放置される背景には、「後々委託する産業廃棄物の種類が増えた場合でも、柔軟に契約変更できるようにしておきたい」という動機があるようですが、これは会社の危機に直結しかねない違反ですので、契約変更をする場合は、その都度契約書を書き直す必要があります。委託する産業廃棄物の種類は、法令に基づく正しい廃棄物の書類を書くようにしましょう。

4-6 やってはいけない委託契約書の記載ミス

▶▶ 産業廃棄物の委託数量の未記載

　これも実務ではたいへん多い記載ミスなのですが、「契約時には委託数量の詳細がわからないから」という理由で、数量の欄を空欄にしている契約書がたいへん多いです。**委託数量**は、あくまでも予定数量ですので、正確無比な数値を書く必要はありません。しかし、だからといって、現実と大幅にかい離した過大な数量を書くのも危険です。処理業者には、許可で認められた処理能力までしか処理できないという制限があるため、許可能力を大幅に超えた数量を記載するということは、違法な廃棄物処理を委託していることになるからです。逆に、予定よりも少なめの数量を書いておけばよいというわけでもありません。

　必要なのは、委託先の処理業者の処理能力と比較して、「この量なら十分処理できるであろう」という委託数量を導き出し、そこからさらに、現実的に委託可能な数量の範囲を絞っていくことです。そうすれば、おのずと、委託可能な数量の範囲がみえてくるはずです。

危険な委託契約書の実例①

（委託する産業廃棄物の種類、数量及び単価）
甲（委託者）が、乙（収集運搬業者）に収集・運搬を委託する産業廃棄物の種類、数量及び収集・運搬単価は、次のとおりとする。

種類	産業廃棄物
数量	2t／月
単価	10,000円／t

> どんな産業廃棄物の処理を委託しているのか、これではまったくわからない

> この部分には、産業廃棄物の具体的な種類（木くずなど）を書くことが必要

危険な委託契約書の実例②

（委託する産業廃棄物の種類、数量及び単価）
甲（委託者）が、乙（収集運搬業者）に収集・運搬を委託する産業廃棄物の種類、数量及び収集・運搬単価は、次のとおりとする。

種類	廃プラスチック類	木くず	がれき類
数量			
単価			

> 数量と単価が記載されていない!!

第4章　産業廃棄物を適正処理するには

4-7 毎月処理費が変動する場合の委託契約書

委託料金欄を空欄のまま放置するのはたいへん危険な違法行為ですので、毎月料金が変動するような場合は、覚書で月々の料金を決定し、委託契約書と覚書をいっしょに保存するようにしましょう。

▶▶ 委託料金欄は空欄のままでも問題なし!?

　実務では、石油価格の変動などに合わせて、産業廃棄物の処理費が毎月変動するようなケースがあります。そのような場合には、委託契約書の「**委託者が払う処理料金**」をどのように書けばよいのでしょうか？　「毎月変動する処理費を契約書に書いても意味がないので、委託料金欄は空欄にしておこう」という方法を採用している企業が非常に多いのですが、実は、委託料金を空欄のままにしておくということは、たいへん危険な方法です。

　委託料金を空欄のまま契約書を交わすということは、取引の基本条件である金銭面の合意に至っていない証拠、ともいえます。そのため、排出事業者は、不法投棄されるかもしれないと思いながら、委託をしていたのではないかと疑われることになります。その結果、最終的には、委託契約書の委託料金欄の記載がなかったという事実のみに基づき、排出事業者に対し措置命令が発出されることになります。

▶▶ 毎月処理費が変動する場合の委託契約書の書き方

　委託料金が毎月変動する場合には、毎月委託契約書を作成しなおさなければなりませんが、それではたいへんな手間になります。毎月の料金変動にも対応しながら、年度当初に交わす委託契約書の作成だけで乗り切るという方法があります。それは、毎月変動する委託料金を、「**覚書**」によって確定させ、委託契約書と覚書をいっしょに保存するという方法です。

　この場合、あくまでも契約の基本となるのは「委託契約書」ですので、委託契

約書の委託料金欄には、「**（委託料金については）別途覚書で決定する**」などの記載をしておく必要があります。この一文を書いておかないことには、廃棄物処理法の要求する法定記載事項と、委託契約書と覚書のつながりという2つの条件を満たせないからです。

　そして、委託契約書と覚書は、一体となってはじめて効力を発揮する書類ですので、必ずいっしょに保存しておくことが必要です。毎月料金が変動するなら毎月覚書を作成し、委託契約書の一部として、委託契約書と同じ期間保存しておかなければなりません。

　このような運用をしておけば、月々変動する委託料金をカバーしながら、委託契約書の法定記載事項を満たすことが可能となりますので、それほど大きな手間をかけることなく、安全に委託契約書を管理することができるようになります。

どうしても「料金」を契約書に記載したくない場合は

- 「数量」は予定数量で良いので、委託予定数量を記載しておく（月単位でも、1年単位のどちらでも可）
- 「料金」が市況によって毎月変動する場合などは、「別途覚書によって決定する」と書いておき、後日覚書を交わした時点で、覚書と委託契約書を一緒に保存しておく

種類	廃プラスチック類	木くず	がれき類
数量	10t／月	20t／月	15t／月
単価	別途覚書によって決定する	別途覚書によって決定する	別途覚書によって決定する

契約書　＋　月々の覚え書き　→

4-8 再委託は禁止されている

再委託とは、産業廃棄物処理業者が、排出事業者から受け取った産業廃棄物を勝手に他の処理業者に処理させることです。再委託は原則として禁止されていますが、例外的に、再委託が認められる場合があります。

▶▶ 再委託とは何か

再委託とは、排出事業者と当初に委託契約を結んだ処理業者が、受託した廃棄物の処理を他の処理業者に委託することです。廃棄物処理法は、再委託を原則として禁止しています。再委託することで産業廃棄物処理の責任の所在が不明確になり、不法投棄や無許可営業などの不適正処理を引き起こすおそれがあるからです。

▶▶ 再委託が認められる場合

例外的に、「あらかじめ、文書で、排出事業者の承諾を受けた場合」には、再委託が認められています。

ただし、再委託後に、さらに別の業者に再委託（再再委託）することは認められていません。再委託とは、一度限りしか使えない、緊急避難的な措置なのです。

▶▶ 再委託の手順

産業廃棄物の再委託は、当初に委託契約を結んだ処理業者と、代わりに処理をする処理業者間の再委託契約に基づいて行われます。そのほか、再委託に関する排出事業者の承諾書なども必要です。具体的には、以下のような手順で再委託を行うことになります。

まず、当初に委託契約を結んだ処理業者は、排出事業者に**再委託承諾願**を提出し、再委託することへの承諾を求めます。排出事業者は、再委託を承諾するとき、当初に委託契約を結んだ処理業者に対し、**再委託承諾書**によって、再委託することへの承諾を与えます。

再委託の承諾を得た当初に委託契約を結んだ処理業者は、代わりに処理をする処理業者に対し、当初の委託契約事項の記載文書を交付（委託契約書の写しで可）します。その後、当初に委託契約を結んだ処理業者と代わりに処理をする処理業者との間で、再委託契約を締結し、再委託契約書を作成します。

　再委託契約の成立後、排出事業者は、マニフェストとともに産業廃棄物を代わりに処理をする処理業者に引き渡します。代わりに処理をする処理業者は、産業廃棄物を適切に処理し終えた段階で、排出事業者に、産業廃棄物の処理済の報告を行います。その後は、通常の産業廃棄物処理と同様、排出事業者のところにマニフェストが返送され、その記載内容に問題がなければ、排出事業者はそれを5年間保存しておきます。

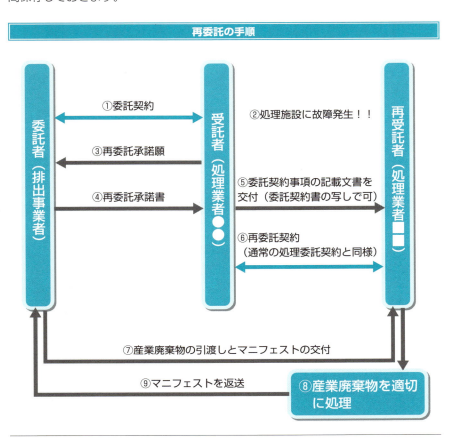

再委託の手順

4-9 委託契約の締結後に注意すること

産業廃棄物処理の最終的なゴールは、産業廃棄物を安全に処理し、生活環境に悪影響を与えるリスクを限りなくゼロに近づけることです。そのゴールをめざし、処理委託契約後は、産業廃棄物の処理プロセスをチェックしていきましょう。

▶▶ 産業廃棄物処理委託契約書の内容

委託契約を結んだ後も、以下に示すポイントを常にチェックし、間違った方法で処理委託をしないよう、気をつけましょう。

産業廃棄物の処理委託契約で決めた処理料金は、一般的な料金と比較して、著しく高くない（または安くない）か、委託先は許可の取消しなどを受けていないかなどを常にチェックしておきましょう。

▶▶ 産業廃棄物を引き渡すとき

産業廃棄物を処理業者に引き渡す際は、

①引き渡す産業廃棄物は、契約書に記載したとおりか
②産業廃棄物に危険な物質を混入させていないか
③契約の相手方の収集運搬業者が引き取りに来たか
④契約書に記載した数量を大幅に超える量の産業廃棄物を処理させていないか

などをよく確認し、産業廃棄物をマニフェストとともに、処理業者に引き渡します。また、そのときには、マニフェストの控え（A票）を忘れずに受け取ります。

収集運搬業者に産業廃棄物を引き渡すときは、過積載の原因となるような大量の産業廃棄物を、一度に運ばせないよう気をつけましょう。

▶▶ マニフェストの返送があったとき

マニフェストの返送を受けたときは、

①期限内に運搬終了の報告(B2票)が返ってきたか
②指定した処分先に持ち込まれたか
③期限内に処分終了の報告(D票)が返ってきたか
④期限内に最終処分終了の報告(E票)が返ってきたか
⑤マニフェストの記載にもれはないか
⑥マニフェストの記載は、委託契約書のとおりか

などを必ず確認するようにします。

▶▶ 委託契約書とマニフェストの保存

委託契約書とマニフェストは**5年間**保存します。しかし、不法投棄などが発生した場合には、6年以上前の委託状況を質問してくる行政庁が増えていますので、5年間といわず、可能なかぎり保存しておくのが安全です。

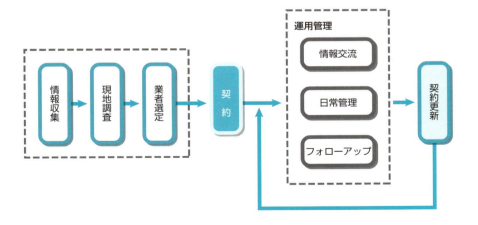

廃棄物処理委託業者の選定・契約・運用の流れ*

＊…の流れ：産業構造審議会環境部会廃棄物・リサイクル小委員会「排出事業者のための廃棄物・リサイクルガバナンスガイドライン」より。

4-10 適正処理のために マニフェストを使う

マニフェストとは、産業廃棄物の処理を委託する際に委託者が発行する伝票のことです。産業廃棄物の処理を委託する際には、マニフェストの運用ルールを必ず守りましょう。

▶▶ マニフェストとは

マニフェストとは、産業廃棄物の処理を委託する際に委託者が発行する伝票のことです。

マニフェストという言葉は、「積荷目録」や「乗客名簿」を意味する英語で、アメリカの有害廃棄物管理制度から、「廃棄物の管理伝票」といった意味で使われ始めました。日本のマニフェスト制度は、アメリカの有害廃棄物管理制度を参考にして導入されました。そのため、マニフェストのことを、「**産業廃棄物管理票**」ともいいます。

▶▶ マニフェスト制度

マニフェスト制度は、産業廃棄物の収集・運搬や中間処理、最終処分などを処理業者に委託する場合、排出事業者が処理業者に対してマニフェストを交付し、委託した内容どおりの処理が適正に行われたことを確認するための制度です。

マニフェストは、7枚つづりの伝票で、産業廃棄物の種類や数量、運搬や処理を請け負う処理業者の名称などを記載します。収集・運搬や処理などを請け負った処理業者は、委託された処理が終わった時点でマニフェストの必要部分を排出事業者に渡すことで、適正に処理を終えたことを知らせます。

マニフェスト制度を利用することにより、不適正な処理による環境汚染や、社会問題となっている不法投棄を未然に防ぐことができます。

4-10 適正処理のためにマニフェストを使う

▶▶ 産業廃棄物の処理の記録

　マニフェスト制度の目的には、収集運搬、中間処理、最終処分といったプロセスごとに、産業廃棄物が適切に処理されたかどうかをチェックすること以外に、産業廃棄物処理の記録という目的があります。

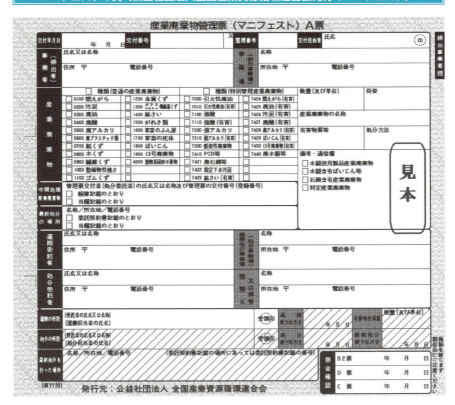

マニフェストの例（公益社団法人全国産業資源循環連合会発行のマニフェスト）*

---

*…のマニフェスト：公益社団法人全国産業資源循環連合会（https://www.zensanpairen.or.jp/disposal/manifest/）から転載。

4-11 なぜ、マニフェスト制度が導入されたのか

マニフェスト制度は、産業廃棄物の委託処理における排出事業者の責任を明確にし、不法投棄を未然に防ぐことを目的に導入されました。当初は、特別管理産業廃棄物のみを対象としていましたが、1998年から、すべての産業廃棄物が対象となりました。

▶▶ マニフェスト制度の導入以前は

マニフェスト制度の導入以前は、「1月前に処理を委託したあの産業廃棄物は、今どこにあるのだろうか？」と疑問に思っても、それを実際に確認することは非常に困難でした。

産業廃棄物がどこに運ばれるのかを決めるのは産業廃棄物処理委託契約書です。しかし、委託契約書には、いつ中間処理業者の下に運ばれ、いつ最終処分業者のところに運び出されたかという、毎日処理され続ける産業廃棄物の日々の具体的な流れは記録されません。

委託契約書を読み返す代わりに、委託先の産業廃棄物処理業者に、産業廃棄物を適切に処理してくれたかと尋ねることも考えられます。しかし、産業廃棄物処理業者は、毎日多数の排出事業者から産業廃棄物を預かりますので、「頼んだ産業廃棄物はいつ処理してくれた？」と個別に尋ねられても、その排出事業者の産業廃棄物をすでに処理したのか、それともまだ保管中であるのかを、ハッキリと答えることは困難でした。

産業廃棄物には発生源の氏名などのラベルが貼っているわけではありませんので、多数の排出事業者の産業廃棄物が混ざり合ってしまうと、どれがどの排出事業者の産業廃棄物なのかを確定させることは不可能だからです。

▶▶ マニフェスト制度の導入

このように、マニフェスト制度の導入以前は、産業廃棄物の実際の流れを把握することは非常に困難でした。そこで、産業廃棄物の委託処理における排出事業

4-11 なぜ、マニフェスト制度が導入されたのか

者の責任を明確にし、不法投棄を未然に防ぐことを目的として、マニフェスト制度が導入されました。これにより、産業廃棄物を処理業者に引き渡した後も契約どおりに処理されているかどうかを、マニフェストによってチェックすることが、排出事業者に義務付けられました。

マニフェスト制度は、厚生省（現環境省）の行政指導で1990年に始まりました。その後、1993年4月には、産業廃棄物のうち、特別管理産業廃棄物の処理を処理業者に委託する場合に、マニフェストの使用が義務付けられました。1998年12月からはマニフェスト制度の適用範囲がすべての産業廃棄物に拡大されました。さらに、2001年4月には、中間処理を行った後の最終処分の確認が排出事業者に義務付けられました。

マニフェスト制度の歩み*

- 1990年3月26日付　厚生省通知
  全国統一のマニフェスト使用開始　【行政指導】

- 1993年4月1日特別管理産業廃棄物に
  使用の義務付け
- 1998年12月1日
  すべての産業廃棄物に使用の義務付け
- 2001年4月1日
  排出事業者に産業廃棄物の
  最終処分終了確認を義務付け（E票の追加）
- 2005年10月1日
  運搬受託者・処分受託者の記載事項の追加
  （担当者の氏名に加え会社名も記入する）
- 2006年10月1日
  石綿含有産業廃棄物が含まれる場合は、
  その旨を記載

【法の義務付け】

＊…制度の歩み：公益社団法人全国産業資源循環連合会「マニフェストシステムがよくわかる本」より。

4-12 マニフェストにはどんなことを記入するのか
一次マニフェストと二次マニフェスト

マニフェストの制度の目的には、産業廃棄物の実際の処理の流れを記録に残すこともあります。マニフェストには、排出事業者が書き起こす「一次マニフェスト」と、中間処理業者が書き起こす「二次マニフェスト」があります。

▶▶ マニフェストに記録する情報

マニフェスト制度の目的には、産業廃棄物が適切に処理されたかどうかをチェックすること以外に、産業廃棄物の実際の処理の流れを記録に残すことがあります。

マニフェストに記録する情報は、産業廃棄物を、

①誰が（委託者、収集運搬業者、中間処理業者、最終処分業者など）
②何を（産業廃棄物の種類、数量、荷姿など）
③どのように（産業廃棄物の処分方法、産業廃棄物の最終処分の場所など）
④いつ（マニフェストの発行日、運搬終了日、処分終了日、最終処分終了日）、
　処理したのか

の4点です。

これらの情報を逐一マニフェスト上に記録することによって、すべての当事者が産業廃棄物の実際の流れを把握することが可能となります。

▶▶ 一次マニフェストと二次マニフェストの違い

マニフェストを発行し、産業廃棄物が最終的に処分されるのを見届けるのは、排出事業者の役割です。産業廃棄物処理業者は、排出事業者との契約に従い、産業廃棄物の処理を適切に行い、そのことをマニフェスト上に記録します。

その後、産業廃棄物処理業者は、排出事業者に処理終了の報告をし、マニフェ

4-12 マニフェストにはどんなことを記入するのか

ストの一部を記録として保存しておきます。

排出事業者が収集運搬業者と中間処理業者に産業廃棄物の処理を委託し、中間処理後の産業廃棄物は最終処分場で処分されるというケースでは、排出事業者が直接契約すべき処理業者は、収集運搬業者と中間処理業者のみです。

マニフェストは、委託契約書に連動して動くシステムですので、排出事業者が発行するマニフェストが流通する範囲も、委託契約の範囲と同様、収集運搬業者と中間処理業者までとなります。排出事業者が発行し、収集運搬業者と中間処理業者まで流通して、再び排出事業者に処理終了の報告が返ってくるマニフェストのことを、「**一次マニフェスト**」と呼びます。

中間処理後の産業廃棄物については、中間処理業者が排出事業者として、新たにマニフェストを発行し、最終処分などを委託することになります。中間処理業者が発行する、このマニフェストのことを「**二次マニフェスト**」と呼びます。

二次マニフェストのE票（最終処分終了報告）が、最終処分業者から中間処理業者のところに届き、それを受けて、中間処理業者が一次マニフェストのE票（最終処分終了報告）を、排出時業者のところに送付し、排出事業者の最終処分確認が終わった時点で、ようやく一次マニフェストの運用は終了します。

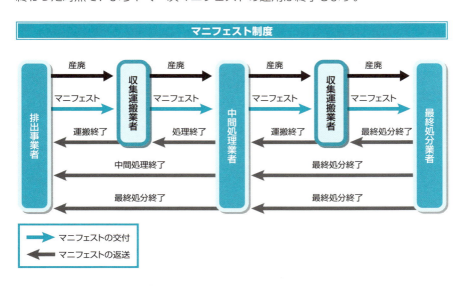

4-13 マニフェストの使い方①
産業廃棄物の引き渡しから収集運搬終了まで

マニフェストは、必ず排出事業者が、産業廃棄物の引き渡しと同時に、交付します。排出事業者は、その後、委託先で産業廃棄物の処理が契約どおりになされているかを、処理業者から返送されてくるマニフェストで確認します。

▶▶ 排出事業者が産業廃棄物を処理業者に引き渡すとき

実際のマニフェストの運用方法について、産業廃棄物の引き渡しから収集運搬終了までのステップごとに、具体的にみていきましょう。

排出事業者は、マニフェスト（A・B1・B2・C1・C2・D・E票の7枚複写）に必要事項を記載し、マニフェストとともに、産業廃棄物を収集運搬業者に引き渡します。

収集運搬業者は、7枚のマニフェスト用紙すべてに、産業廃棄物とマニフェストを受領したという確認の意味で、運搬担当者の氏名（会社名も含む）を署名または押印し、**A票**を控えとして**排出事業者**に渡します。

A票を受け取った排出事業者は、それを保管しておきます。

▶▶ 収集運搬が終了したとき

収集運搬業者は、マニフェスト（B1・B2・C1・C2・D・E票の6枚複写）の運搬終了年月日欄に運搬を終了した日付を記入し、マニフェストを産業廃棄物とともに中間処理業者に引き渡します。

中間処理業者は、産業廃棄物とマニフェストを受領したという確認の意味で、6枚のマニフェスト用紙すべての処分担当者欄に、処分担当者の氏名（会社名も含む）を署名または押印し、**B1票**と**B2票**の2枚を控えとして**収集運搬業者**に渡します。

運搬を終了した収集運搬業者は、B1票を5年間保存するとともに、運搬終了後10日以内に、**B2票**を**排出事業者**に送付して、運搬終了の報告をします。

排出事業者は、B2票の内容を確認し、記載内容に問題がなければ、受け取った

4-13 マニフェストの使い方①

日付を記入し、5年間保存しておきます。もし、産業廃棄物を引き渡してから90日（特別管理産業廃棄物の場合は60日）以内にB2票が送付されてこない場合、排出事業者は処理の状況を確認し、生活環境の保全上必要な措置を講じたうえで、30日以内にその事実を都道府県知事に報告します。

　収集運搬の終了時には、**排出事業者**の手元には**A票**と**B2票**、**収集運搬業者**の手元には**B1票**、**中間処理業者**のところには残りの**C1・C2・D・E票**のマニフェストがある状態となります。

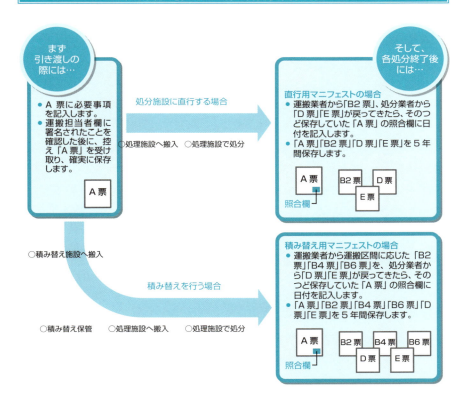

＊…行うこと：公益社団法人全国産業資源循環連合会「マニフェストシステムがよくわかる本」より。

4-14 マニフェストの使い方②
中間処理から最終処分終了まで

　中間処理業者は、二次マニフェストの最終処分終了報告を受けた後、一次マニフェストの発行者に最終処分終了報告を行います。その報告をもって、一次マニフェスト、つまり元々の産業廃棄物の排出事業者が発行したマニフェストの運用は、ようやく終了します。

▶▶ 中間処理が終了するまで

　中間処理業者は、マニフェスト（C1・C2・D・E票の4枚複写）の処分終了年月日欄に処分を終了した日付を記入し、**C1票**を5年間保存するとともに、処分終了後10日以内に、**C2票**を**収集運搬業者**に、**D票**を**排出事業者**に送付して、処分終了の報告を行います。

　C2票を受け取った収集運搬業者は、その記載内容に問題がなければ、受け取った日付を記入し、5年間保存します。

　D票を受け取った排出事業者は、A票、B2票、D票を照らし合わせ、運搬と処分が終了したことを確認し、D票に受け取った日付を記入し、5年間保存します。もし、産業廃棄物を引き渡してから90日（特別管理産業廃棄物の場合は60日）以内にD票が送付されてこない場合、排出事業者は処理の状況を確認し、生活環境の保全上必要な措置を講じたうえで、30日以内にその事実を都道府県知事に報告します。

▶▶ 最終処分終了の確認まで

　中間処理業者は、中間処理後の残さを処分するため、最終処分業者などに対して新たに7枚複写のマニフェスト（二次マニフェスト）を交付し、残さの処理を委託します。

　最終処分が終了すると、最終処分業者は**中間処理業者**に、最終処分を終了した旨を記載した二次マニフェストの**E票**を送付します。

　中間処理業者は、二次マニフェストのE票の送付を受けてから10日以内に、一

4-14 マニフェストの使い方②

次マニフェストの**E票**の最終処分を行った場所欄と最終処分終了年月日欄に、必要な事項を記入し、**排出事業者**へ送付します。

E票を受け取った排出事業者は、A票、B2票、D票、E票を照らし合わせ、最終処分が終了したことを確認し、E票に受け取った日付を記入し、5年間保存します。もし、産業廃棄物を引き渡してから180日以内にE票が送付されてこない場合、排出事業者は処理の状況を確認し、生活環境の保全上必要な措置を講じたうえで、30日以内にその事実を都道府県知事に報告します。

最初は7枚だったマニフェストは、最終的には、**排出事業者**に4枚（**A**、**B2**、**D**、**E票**）、**収集運搬業者**に2枚（**B1**、**C2票**）、**中間処理業者**に1枚（**C1票**）と分かれて保存されることになります。

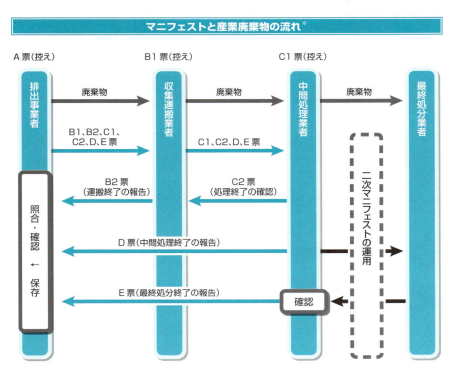

マニフェストと産業廃棄物の流れ※

※業種や廃棄物処理の流れなどによって、マニフェストの枚数や流れが異なることがあります。

＊…の流れ：経済産業省「排出事業者のための廃棄物・リサイクルガバナンス」より。

4-15 やってはいけない マニフェストの運用ミス

委託契約書と同様、マニフェストにも、廃棄物処理法で定められた記載事項があります。また、マニフェストは産業廃棄物の種類ごとに1通ずつ交付するのが原則ですので、複数の産業廃棄物の混合物以外は、別々のマニフェストで運用するようにしましょう。

▶▶ 数量の未記載

排出事業者の事業所には、廃棄物の重量などを正確に計測する機器がないため、マニフェストの「(廃棄物の)数量」欄を空白のまま交付し、後で中間処理業者が送ってくれる重量計測結果を転記、という方法をとっている企業が多くあります。

廃棄物処理法では、このようなマニフェストの交付は違法となります。「**数量**」は排出事業者の責任において記載をする必要があります。排出事業者がマニフェストを交付する段階では、「数量」欄には、必ずしも「廃棄物の正確な重量」を記載する必要はなく、委託する産業廃棄物の量などをある程度特定できる数値、たとえば、「ドラム缶3本分」とか「8立方コンテナ1台分」といった、「数」や「おおよその量」を把握できる数値で十分です。

このような方針で数量を記載し、後は中間処理業者が計測した正確な重量のデータを、「数量」欄の余白か、「備考」欄に記載しておくと、正確な廃棄物管理ができるようになりますので、さらによいでしょう。

▶▶ 複数の産業廃棄物の処理を1通のマニフェストのみで委託

マニフェストは、産業廃棄物の種類ごとに1通ずつ交付するが原則です。産業廃棄物はそれぞれの種類ごとに、適切な中間処理や最終処分の方法が異なるためです。では、使用済みOA機器のように、「廃プラスチック類」「ガラスくず」「金属くず」の3種類が混合された状態で発生する産業廃棄物の場合はどうなるのでしょうか。使用済みOA機器のように、それが発生した段階から複数の産業廃棄物が混合

4-15 やってはいけないマニフェストの運用ミス

しているものについては、複数の産業廃棄物が一体となった「**混合物**」として、1通のマニフェストで運用することができます。

逆にいうと、発生段階では別々に発生した廃棄物を、保管の際に1つにまとめた場合は、その1つにまとめられた廃棄物は混合物ではありませんので、原則どおり、産業廃棄物の種類ごとにマニフェストを交付する必要があります。

混合物として、複数の産業廃棄物を1通のマニフェストで運用するためには、①「**発生段階から複数の産業廃棄物が混合している**」、②「**それぞれの産業廃棄物の種類ごとに容易に分離できない**」という、2つの条件を両方とも満たしておく必要があります。

▶▶ 同じ目的地へ運搬車両3台で運搬をする場合はどうなる?

同じ種類の産業廃棄物を、同じ目的地に運搬をする場合、マニフェストは運搬車両ごとに交付する必要はなく、1通のマニフェストのみで運用することができます。運搬車両ごとにマニフェストを1通ずつ交付する必要はありません。

マニフェストに記載するべき内容

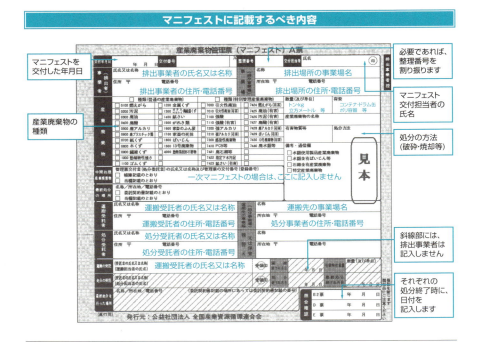

4-16
マニフェストを紛失したときの対応

マニフェストは絶対に紛失してはならない書類ですが、それでも紛失してしまうことが実際にはよくあります。そのような場合は、マニフェストを使用する本来の目的を思い出しながら、迅速に紛失をカバーする対応をしてください。

▶▶ マニフェストはなくさないのが基本

　マニフェストは廃棄物処理に携わるそれぞれの当事者が保存すべき伝票です。排出事業者は、A票・B2票・D票・E票の4枚、収集運搬業者はB1票・C2票の2枚、中間処理業者はC1票を、それぞれ5年間保存しなければなりません。マニフェストの保存を怠った場合は、「1年以下の懲役または100万円以下の罰金」という刑事罰の適用対象となってしまいます。

　しかし、実務では、いくらマニフェストの管理に気をつけていても、ふとした気の緩みから、マニフェスト伝票の一部を紛失してしまうことがあります。そのような場合は、どうすればよいのでしょうか？

　現実問題としては、マニフェストのA票を1枚だけ紛失したからといって、いきなり罰金刑が科されるような事態はあまり起こりそうにありません。しかし、本来はすべてがそろっていなくてはならない伝票を、1枚とはいえ紛失してしまうということは、仕事の引継ぎミスや、担当者に油断が生じているなど、管理体制に根本的なほころびが生じ始めているといっても過言ではありません。まずは、管理体制に問題がなかったかを十分検討し、二度と同じ間違いを繰り返さないようにしたうえで、下記の事後対策を進めていきましょう。

▶▶ マニフェストを紛失したときの対応

　マニフェストを使用する目的を再確認しましょう。マニフェストは、「産業廃棄物の処理記録を残す」ためと、「日々の産業廃棄物の流れを確認する」ために使用するものです。そのため、マニフェストの紛失をカバーするためには、この2つの

4-16 マニフェストを紛失したときの対応

目的を満たす方法で対応していく必要があります。

具体的には、まず「**産業廃棄物の処理記録を残す**」ために、委託先の処理業者に事情を説明し、**処理業者が保存している伝票のコピー**を提供してもらい、それを**紛失したマニフェストの代わりに保存**しましょう。そして、二度と紛失を起こさないという自戒の意味も込めて、「マニフェスト○票を紛失したため、○票の代わりに●票のコピーを保存する」と、処理業者から提供された伝票のコピーに追記しておきましょう。

そうして用意した本来の伝票の代わりと、後日返送されてくるマニフェスト伝票を照合して、返送されてきたマニフェストの記載内容が適正かどうかをよく確認しましょう。

紛失したマニフェスト別の対応方針

紛失したマニフェスト	排出事業者の対処法
A票	（B2票が返送されてくる前にA票を紛失した場合） 収集運搬業者にB1票をコピーしてもらい、A票の代わりとして照合確認用に保存しておきましょう。 （B2票の返送後にA票を紛失した場合） B2票をコピーし、「A票を紛失したため、A票の代わりとして保存する」と注記した上で、保存しておきましょう。
B2票	収集運搬業者にB1票をコピーしてもらい、それに運搬終了日を記入して、B2票の代わりに保存しておきましょう。
D票	中間処理業者にC1票をコピーしてもらい、それに中間処理終了日を記入して、D票の代わりに保存しておきましょう。
E票	中間処理業者にC1票をコピーしてもらい、最終処分終了日を記入して、E票の代わりに保存しておきましょう。

4-17 電子マニフェストの仕組み

電子マニフェストとは、マニフェスト情報をすべて電子化し、オンライン上でマニフェストを運用できるようにしたシステムです。電子マニフェストの運用情報は、情報処理センターがすべて管理してくれますので、利用者が保存する必要はありません。

▶▶ 電子マニフェストとは

電子マニフェストとは、マニフェスト情報をすべて電子化し、オンライン上でマニフェストを運用できるようにしたシステムです。電子マニフェストの場合でも、排出事業者から、収集運搬業者を経由して、処分業者にいたる産業廃棄物の処理フローは、紙マニフェストの場合と同様です。

電子マニフェストの運営は、国が指定する**情報処理センター**が行っています。現在は、**日本産業廃棄物処理振興センター**が唯一の情報処理センターとして指定されています。

電子マニフェストの場合、手続きはすべてオンライン上で完結しますので、紙ベースでマニフェストを発行しません。そのため、紙マニフェストだと5年間保存しなければなりませんが、電子マニフェストの場合には保存する必要がありません。

電子マニフェストを利用する場合、産業廃棄物の処理に関する情報は、排出事業者の代わりに情報処理センターがすべてを管理してくれます。毎年、都道府県知事などに報告するマニフェストの交付実績についても、電子マニフェストを利用した分は情報処理センターが、利用者の代わりに都道府県知事などに報告してくれます。これは、あくまでも、電子マニフェストを利用した分だけです。紙マニフェストで運用した分は、排出事業者自らが報告します。

紙マニフェストと電子マニフェストの最大の相違点は、そのシステムを導入できる条件です。電子マニフェストを利用する場合、排出事業者、収集運搬業者、処分業者のすべてが、電子マニフェストを導入している必要があります。電子マニフェストを導入していない人がいると、他の全員が電子マニフェストを利用できません。

4-17 電子マニフェストの仕組み

当然のことながら、紙マニフェストの場合は、そういった制約はありません。

この制約のために、電子マニフェストの導入はなかなか進みませんでした。排出事業者は電子マニフェストを導入したのに、収集運搬業者と中間処理業者が導入してくれないという場合、排出事業者はまだ電子マニフェストを利用できないからです。しかし、電子マニフェストには、導入が進めば、日本全体で動く産業廃棄物の量をより的確に把握できるという大きなメリットがあります。そのほかにも、記録の改ざんが難しくなるなど、産業廃棄物の適正な処理を推進していくために有効なメリットがたくさんあります。

2018年3月の電子マニフェスト普及率は53％であり、排出事業者の業種別マニフェスト登録状況は、建設業、卸売業、小売業、製造業が多くなっています。一方、加入者状況は、医療、福祉、卸売業、小売業が多くなっています。

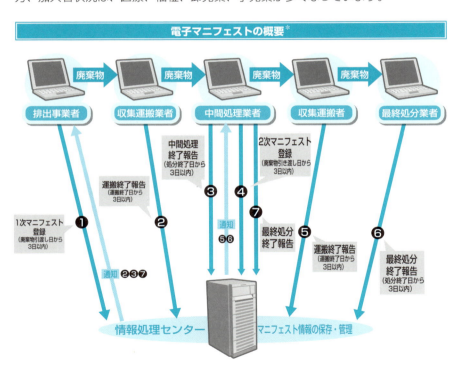

電子マニフェストの概要＊

＊…の概要：（財）日本産業廃棄物処理振興センター情報処理センター資料より転載。

4-18
紙と電子のどちらがよいか!?
紙マニフェストと電子マニフェストのメリット、デメリット

電子マニフェストを導入する際は、それを導入することによってもたらされるメリットとデメリットをよく比べ、産業廃棄物の処理の委託先の導入状況もみながら、本当に必要と判断できる場合に導入するようにしましょう。

▶▶ どちらのマニフェストを使うべきか

マニフェストには、紙マニフェストと電子マニフェストの2種類があります。では、いったいどちらのマニフェストを使ったらよいのでしょうか？

現在のところ、すべての産業廃棄物処理業者が電子マニフェストに対応しているわけではありませんので、紙マニフェストも使用せざるを得ません。そのため、現在のところは、紙マニフェストか電子マニフェストかという二者択一ではなく、紙と電子の両方を併用せざるを得ないのが実情です。

そこで、まず、電子マニフェストを導入するのかどうかを検討します。電子マニフェストを導入するのであれば、どの程度の割合まで紙から電子マニフェストに切り替えていくのか、という2段階の検討を加えることが必要です。

▶▶ 紙マニフェストと電子マニフェストの比較

紙マニフェストには、すぐに運用できる、運用コストが安いというメリットがあります。電子マニフェストには、書類の保存義務がない、マニフェストの交付実績報告をしなくてもよい、紙マニフェストよりも早く、産業廃棄物の処理状況を把握できるというメリットがあります。

それぞれのメリットと、自社の状況とを照らし合わせたうえで、電子マニフェストの導入の可否を決定するとよいでしょう。

電子マニフェストを導入するメリットがあるケース

委託先のほとんどの処理業者が、電子マニフェストを導入済みという場合は、導入さえすれば、すぐに自社もそれを利用できるようになるため、電子マニフェストを導入することに大きなメリットがあります。

また、**産業廃棄物が毎日大量に発生している**場合も、電子マニフェストを導入することによって、マニフェストを保存する手間や、物理的スペースが省略できるようになります。

電子マニフェストを導入する必要性が少ない会社

一方、**産業廃棄物の発生がごく少量しかない**場合には、電子マニフェストを導入しても、そのランニングコストを回収することが困難になりますので、導入する必要性が少ないといえるでしょう。

委託先の処理業者に、電子マニフェストを導入しているところがない場合、排出事業者だけが導入しても、電子マニフェストを利用することができませんので、導入は時期尚早といえます。

紙マニフェストと電子マニフェストの比較

	紙マニフェスト	電子マニフェスト
コスト	安い (マニフェストの購入費のみ)	電子マニフェスト利用料金 基本料＋使用料＋(初年度のみ、加入料が必要)
委託者へのマニフェストの返送	必要	不要
運搬または処分終了報告	運搬または処分終了後、10日以内	運搬または処分終了後、3日以内
情報の即時性	遅い	速い
保存義務	5年間	無し（情報処理センターが、マニフェスト情報を保存するため）
保存スペース	必要	不要
帳簿への記載	必要	交付されたマニフェストに関する情報のみ記載不要（その他は、紙マニフェストと同様に記載が必要）
行政への実績報告	必要	不要

4-19 産業廃棄物処理業者がつける帳簿

産業廃棄物処理業者は、産業廃棄物処理委託契約書とマニフェストのほかに、産業廃棄物の処分状況を正確に記載した帳簿を作成・保存します。帳簿は、事業場ごとに作成・保存します。

▶▶ なぜ、帳簿が必要なのか

　産業廃棄物処理業者は、産業廃棄物処理委託契約書とマニフェスト（産業廃棄物管理票）のほかに、産業廃棄物の処分状況を正確に記載した**帳簿**を作成・保存します。委託契約書とマニフェストだけでは、産業廃棄物の実際の流れを正確に把握することが困難だからです。

　中間処理業者は、排出事業者と契約を結ぶ際、中間処理後の産業廃棄物の処分先を、排出事業者との契約書に記載します。また、中間処理後の産業廃棄物に関しては、中間処理業者自らが排出事業者として、二次マニフェストを発行し、最終処分などを委託します。

　ただ、実際には中間処理業者のところには、毎日たくさんの排出事業者から産業廃棄物が運び込まれてきます。そのため、少し油断すると、今処理している産業廃棄物はどの排出事業者に頼まれたものなのか、どの契約に基づく廃棄物を処理しているのか、すぐにわからなくなります。そうなると、二次マニフェストを発行しようにも、一次マニフェスト（元々の排出事業者）との関連付けができなくなり、一次マニフェスト発行者に対し、最終処分終了の報告ができなくなります。これでは、せっかくマニフェストを運用しているのに、マニフェスト上に産業廃棄物処理の実態を反映できなくなってしまいます。

　このような混乱を防ぐため、産業廃棄物処理業者は、帳簿を作成し、帳簿にも産業廃棄物の処理実績を記録するようにしています。

4-19　産業廃棄物処理業者がつける帳簿

▶▶ 帳簿の保存期間

　帳簿は、本店だけではなく、**事業場**ごとに備え付けます。帳簿は**1年ごと**に閉鎖し、次の年度の始まりとともに、新しい帳簿を作成します。また、帳簿は、閉鎖後**5年間**、事業場ごとに保存します。

帳簿の記載事項と記載期限※

区分	記載すべき事項	記載期限
収集または運搬	1.収集または運搬年月日	毎月末までに
	2.マニフェストごとの交付者氏名または名称、交付年月日および交付番号	交付日より10日以内
	3.受け入れ先ごとの受入量	毎月末まで
	4.運搬方法および運搬先ごとの運搬量	
	5.積み替えまたは保管を行う場合には、積み替えまたは保管の場所ごとの搬出量	
運搬の委託	1.委託年月日	毎月末まで
	2.受託者の氏名または名称および住所ならびに許可番号	毎月末まで
	3.マニフェストごとの交付年月日および交付番号	引渡し日まで
	4.運搬先ごとの委託量	毎月末まで
処分	1.受け入れまたは処分年月日	毎月末まで
	2.交付または回付されたマニフェストごとの交付者氏名または名称、交付年月日および交付番号	交付または回付された日より10日以内
	3.受け入れた場合には、受け入れ先ごとの受入量	毎月末まで
	4.処分した場合には、処分方法ごとの処分量	
	5.処分(埋め立て処分および海洋投入処分を除く)後の産業廃棄物の持出先ごとの持出量	
処分の委託	1.委託年月日	毎月末まで
	2.受託者の氏名または名称および住所ならびに許可番号	毎月末まで
	3.交付したマニフェストごとの交付年月日および交付番号	引渡し日まで
	4.交付したマニフェストごとの、交付または回付された受け入れた産業廃棄物にかかわるマニフェストの交付者氏名または名称、交付年月日および交付番号	
	5.交付したマニフェストごとの、受け入れた(特別管理)産業廃棄物にかかわる第8条の31第3号の規定による通知にかかわる処分を委託した者の氏名または名称および登録番号	
	6.受託者ごとの委託の内容および委託量	毎月末まで

※「毎月末まで」とは、前月中における事項の記載期限であり、1月中に処理したものについては、2月の末日までに記載することを意味する。

＊…記載期限：(財)日本産業廃棄物処理振興センターホームページ　学ぼう産廃　産廃知識　帳簿の記載(http://www.jwnet.or.jp/waste/choubo.shtml)より転載。

4-20 産業廃棄物処理業者の帳簿の記載事項

産業廃棄物処理業者は、帳簿に、排出事業者の名称、マニフェストの発行年月日、マニフェストの交付番号、受け入れをした産業廃棄物の種類、受け入れをした産業廃棄物の量などを記載します。

▶▶ 収集運搬を受託した場合の帳簿の記載事項

収集運搬業務を受託した場合、マニフェストを交付された日から10日以内に、マニフェストの交付者、交付年月日、交付番号（マニフェストの固有番号のこと）の3点を帳簿に記載します。そのほか、**毎月末**＊までに、収集運搬をした年月日、排出事業者から受託した産業廃棄物の量、具体的な運搬の方法（たとえば、10トンダンプ1台など）、運搬先ごとに集計した運搬量などを、帳簿に記載します。

積替え保管を行う場合は、積替え保管場所から搬出した産業廃棄物の量を、**毎月末**までに、帳簿に記載します。

▶▶ 中間処理業者が収集運搬業者に運搬を委託した場合

中間処理業者が、収集運搬業者に最終処分場までの産業廃棄物の運搬を委託した場合は、産業廃棄物を収集運搬業者に引き渡す前までに、マニフェストを交付した年月日と交付番号の2点を、帳簿に記載します。そのほか、毎月末までに、運搬を委託した年月日、運搬業者の名称や許可番号、運搬先とそこへの運搬量（委託量）などを帳簿に記載します。

▶▶ 処分を受託した場合

処分業務を受託した場合、一次マニフェストを交付された日から10日以内に、一次マニフェスト交付者、交付年月日、交付番号の3点を、帳簿に記載します。そのほか、**毎月末**＊までに、受け入れや処分をした年月日、産業廃棄物の受け入れ量、破砕や焼却などの具体的な処分方法別の処分量、処分後の残さの運搬先とそこへ

＊**毎月末**：前月に扱った内容を、当月の末日までに記載するという意味。

の運搬量（持出量）などを帳簿に記載します。

中間処理業者が残さの処分を最終処分業者に委託した場合

中間処理業者が、中間処理後の廃棄物の処分を最終処分業者に委託した場合、産業廃棄物を最終処分業者に引き渡す前に、一次と二次のマニフェストごとに、所定の事項を帳簿に記載します。

一次マニフェストに関する記載事項は、一次マニフェストの交付者、交付年月日、交付番号の3点です。**二次マニフェスト**に関する記載事項は、二次マニフェストの交付年月日、交付番号の2点です。そのほか、**毎月末**までに、処分を委託した年月日、最終処分業者の名称や許可番号、最終処分業者に委託した内容および委託量などを帳簿に記載します。

帳簿の記載事項と記載例　収集運搬業者（積み替え・保管を含む）の場合

※産業廃棄物の種類ごとに記載すること

| 収集または運搬年月日 | マニフェスト交付者 | | | 受入量 | 運搬方法 | 運搬先 | 運搬量 | 積み替え保管場所からの搬出量 |
	氏名・名称	交付年月日	交付番号					
H29.7.1	株式会社AAA 山田一郎	H29.7.1	第○○○○○○○○○号	2トン	2トンダンプ	株式会社CCC 積み替え保管施設	2トン	
H29.7.6	BBB株式会社 鈴木次郎	H29.7.6	第○○○○○○○○○号	2トン	2トンダンプ	株式会社CCC 積み替え保管施設	2トン	
H29.7.10					4トンダンプ	株式会社DDD 中間処理場	4トン	4トン

毎月末までに記載 ／ 交付年月日より10日以内に記載 ／ 毎月末までに記載 ／ 毎月末までに記載 ／ 毎月末までに記載

4-21 排出事業者に帳簿が必要な場合もある

特別管理産業廃棄物を発生させている事業者と、産業廃棄物処理施設を設置している事業者の場合は、排出事業者であっても、発生させた産業廃棄物の処理に関して、帳簿を作成します。

▶▶ 排出事業者にも帳簿が必要なケース

特別管理産業廃棄物を発生させている事業者と、産業廃棄物処理施設を設置している事業者の場合は、排出事業者であっても、発生させた産業廃棄物の処理に関して、**帳簿**を作成します。

帳簿の閉鎖は1年ごと、閉鎖後5年間、事業場ごとに帳簿を保存します。また、帳簿への記載は、前月中に扱った事項を、今月末までに記載します。

▶▶ 排出事業者が自ら産業廃棄物を運搬した場合

特別管理産業廃棄物または産業廃棄物処理施設で処理した産業廃棄物の残さを排出事業者自らが運搬した場合は、運搬した年月日、10トンダンプなどの具体的な運搬方法、運搬先ごとに運搬した量の3点を帳簿に記載します。

また、積み替え保管を行う場合は、帳簿に積み替え保管場所から搬出した産業廃棄物の量も記載します。

▶▶ 特別管理産業廃棄物の運搬を収集運搬業者に委託した場合

排出事業者が、特別管理産業廃棄物または産業廃棄物処理施設で処理した産業廃棄物の残さの運搬を収集運搬業者に委託した場合は、運搬を委託した年月日、委託先の収集運搬業者の名称や許可番号、それぞれの運搬先ごとに運搬を委託した産業廃棄物の量の3点を帳簿に記載します。

4-21 排出事業者に帳簿が必要な場合もある

▶▶ 排出事業者が自ら産業廃棄物を処分した場合

　排出事業者が発生させた（特別管理）産業廃棄物を、排出事業者自身が設置した産業廃棄物処理施設で処分した場合は、処分した年月日、処分した量、処分後の廃棄物を他所に運び出したときはその量の3点を帳簿に記載します。

▶▶ 特別管理産業廃棄物の処分を委託した場合

　特別管理産業廃棄物または産業廃棄物処理施設で処理した産業廃棄物の残さの処分を産業廃棄物処理業者に委託した場合は、処分を委託した年月日、委託先の業者の名称や許可番号、焼却や埋め立てなどのそれぞれの処理業者ごとに委託した処理の内容、処理業者に実際に委託した量の4点を帳簿に記載します。

排出事業者の帳簿の記載例　自らが運搬を行った場合

※産業廃棄物の種類ごとに記載すること

運搬年月日	運搬方法	運搬先	運搬量	積み替え・保管場所からの搬出量
H29.7.1	10トンダンプ	AAパルプ株式会社 BB工場	10トン	AA工場→BB工場（汚泥を再利用）
H29.7.15	4トンダンプ	AAパルプ株式会社 CC積み替え保管ヤード	4トン	AA工場→CCヤード
H29.7.20	4トンダンプ	AAパルプ株式会社 CC積み替え保管ヤード	4トン	AA工場→CCヤード
H29.7.30	10トンダンプ	完全処分株式会社	8トン	8トン　CCヤード→完全処分株式会社

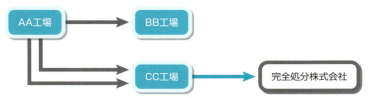

※パルプ製造会社AAパルプ株式会社が、製造工程で発生した汚泥を、AA工場内に設置した汚泥脱水施設で脱水処理した後、自社のBB工場で再利用する場合の例。

4-22 2010年度廃棄物処理法改正の概要

2010年5月12日に成立し、2011年4月1日から施行された廃棄物処理法の改正内容について解説します。主な改正点は、「排出事業者責任の強化」と「優良な処理業者の育成」の二本柱となっています。

▶▶ 排出事業者への責任追求の強化

排出事業者の責任の面では、従来から不法投棄の元凶といわれていた建設廃棄物の問題を解決するため、元請業者を建設廃棄物の排出事業者と定めるなど、建設廃棄物に関する法律整備が厳重に行われました。また、排出事業者自身による不適切な廃棄物処理を抑止するため、産業廃棄物の発生場所の外で、**排出事業者が自社処理をする場合**には、排出事業者に帳簿の作成が義務付けられました。そのほか、年間1,000トン以上の廃棄物を発生させている**多量排出事業者**が、「廃棄物処理計画」の提出などを怠った場合には、「20万円以下の過料」を科すなどの、具体的なペナルティ付きの規制強化が数多く行われました。

▶▶ 優良処理業者の育成推進

これまでの廃棄物処理法では、廃棄物処理業を営める条件を厳しく制限することで、処理業界の健全化が進められました。それによって、暴力団などの反社会勢力の関与はほぼなくなりましたが、あまりにも廃棄物処理業を営める条件を厳しく制限しすぎたため、健全な廃棄物処理企業でも、一役員の個人的な犯罪によって、会社の許可が取り消されるところが非常に増えてしまいました。

そこで、今回の改正では、この厳しすぎる許可取消要件を若干緩和するとともに、一定の評価基準に適合した**優良な処理業者**に対しては、社会的インセンティブと実務的インセンティブの両方を与えることにし、廃棄物・リサイクルの健全な受け皿を増やす試みが緒につきました。

2011年4月1日から施行された廃棄物処理法改正の概要*

1．廃棄物を排出する事業者による適正な処理を確保するための対策の強化
①産業廃棄物を事業所の外で保管する際の事前届出制度を創設。
②建設工事に伴い生ずる廃棄物について、元請業者に処理責任を一元化。
※建設業では元請業者、下請業者、孫請業者等が存在し事業形態が多層化・複雑化しており、個々の廃棄物について誰が処理責任を有するかが不明確。
③不適正に処理された廃棄物を発見したときの土地所有者等の通報努力義務を規定。
④従業員等が不法投棄等を行った場合に、当該従業員等の事業主である法人に課される量刑を3億円以下の罰金に引き上げ。
※現行法では、1億円以下の罰金。

2．廃棄物処理施設の維持管理対策の強化
①廃棄物処理施設の設置者に対し、都道府県知事による当該施設の定期検査を義務付け。
②設置許可が取り消され管理者が不在となった最終処分場の適正な維持管理を確保するため、設置許可が取り消された者にその維持管理を義務付ける等の措置を講ずる。

3．廃棄物処理業の優良化の推進等
①優良な産業廃棄物処理業者を育成するため、事業の実施に関する能力及び実績が一定の要件を満たす産業廃棄物処理業者について、許可の更新期間の特例を創設。
※現行法では、産業廃棄物処理業の許可の期間は一律に5年。
②廃棄物処理業の許可に係る欠格要件を見直し廃棄物処理法上特に悪質な場合を除いて、許可の取消しが役員を兼務する他の業者の許可の取消しにつながらないように措置。

4．排出抑制の徹底
○多量の産業廃棄物を排出する事業者に対する産業廃棄物の減量等計画の作成・提出義務について、担保措置を創設。
※現行法では作成提出を義務付ける規定はあるがこれを担保する規定はない。

5．適正な循環的利用の確保
○廃棄物を輸入することができる者として、国内において処理することにつき相当な理由があると認められる国外廃棄物の処分を産業廃棄物処分業者等に委託して行う者を追加。
※現行法では、輸入した廃棄物を自ら処分する者に限定して廃棄物の輸入を認めている。

6．焼却時の熱利用の促進
○廃棄物の焼却時に熱回収を行う者が一定の基準に適合するときは都道府県知事の認定を受けることのできる制度を創設。

*…の概要：環境省ホームページ　廃棄物の処理及び清掃に関する法律の一部を改正する法律の概要
(http://www.env.go.jp/recycle/waste_law/kaisei2010/attach/law_gaiyo.pdf) より。

4-23 建設廃棄物の取り扱い

2011年4月1日から施行された改正廃棄物処理法では、建設工事で発生する廃棄物の取り扱いに関して、規制が強化されました。元請業者と下請業者の双方に、具体的な義務や責任が課されることになりましたので、よく確認しておきましょう。

▶▶ 建設廃棄物の排出事業者

今回の廃棄物処理法改正では、建設工事で発生した廃棄物の取り扱いに関して、非常に細かい規定が置かれることになりました。

建設工事では、元請業者と下請業者が重層的に入り組んだ状態で工事が進行します。そのため、誰が排出事業者なのか明確にわからない場合が多々ありました。そこで、今回の改正で、建設工事で発生した廃棄物の排出事業者は、発注者から直接工事の発注を受けた「**元請業者**」であると定められました。

そのため、下請業者が建設廃棄物を運搬する場合には、下請業者には**収集運搬業**の許可が必要となります。

元請業者は建設廃棄物の排出事業者として、適切な委託契約書やマニフェストの運用をしなければなりません。そのほか、今回の法律改正では、「万が一、下請業者が不適切な廃棄物処理をした場合には、**元請業者も措置命令の対象**になる」と規定されましたので、下請業者の廃棄物管理をしっかりと指揮監督する必要があります。

▶▶ 下請業者の役割

今回の法律改正で、工事現場内で廃棄物を保管する際には、元請業者と下請業者の双方に、保管基準の遵守義務が課されました。保管基準に違反した場合は、元請業者と下請業者の両方が改善命令の対象にもなります。このように、下請業者は本来の排出事業者ではないのですが、建設工事の実態を踏まえ、**下請業者にも廃棄物管理責任**の一端を担わせることになりました。

▶▶ 下請業者が排出事業者となれる例外規定

今回の法律改正で、下記の5つの条件すべてに当てはまる場合は、収集運搬業の許可なしに、下請が排出事業者として運搬することが可能となりました。

- 建物の軽微な修繕維持工事で、請負代金が500万円以下の工事
- 特別管理廃棄物ではないこと
- 1回に運搬する廃棄物の容積が1立方メートル以下であること
- 積替えのための保管を行わないもの
- 「請負契約」であらかじめ、下請が自ら運搬する廃棄物の種類その他を定め、さらに運搬の途上でその契約書の写しを携行すること

請負契約書の記載例

下請工事契約書

（甲）元請人　東京都港区○○　甲建設株式会社

（乙）下請人　東京都足立区■■　株式会社乙修繕

第1条　甲と乙は、甲が発注者との契約に係る工事（以下、「元請工事」という）を完成するため、元請工事のうち建物の修繕維持に関する工事の施工について、次のとおり契約する。

第○条　乙は、工事によって発生した廃棄物を、工事現場から甲が指定する場所まで、乙の責任において適切に運搬するものとする。ただし、その際に運搬する廃棄物の種類、性状及び量、廃棄物の発生現場、及び運搬先、廃棄物の運搬を行う期間については、下記に定めるとおりとする。

廃棄物の種類　　廃プラスチック類、金属くず　ゴムくず　　ガラスくず　がれき類
廃棄物の性状　　○○の包装容器　窓サッシ　ゴムパッキン　窓ガラス　ブロック
廃棄物の量　　　混載でフレコンパック１袋（１立方メートル）以下とする

注：1回に１立方メートル以上の廃棄物を運搬する場合は、自ら運搬としては認められず、下請に収集運搬業の許可が必要となります。

廃棄物の発生現場　　東京都文京区○○
廃棄物の運搬先　　　東京都江戸川区▲▲
廃棄物の運搬を行う期間　　○月○日〜×月×日

4-24 廃棄物保管場所の事前届出

2011年4月1日から施行された改正廃棄物処理法で、建設現場外の場所で300平方メートル以上の保管場所を用意して建設廃棄物を保管する場合には、あらかじめ都道府県知事に保管場所の届出をすることが義務となりました。届出を怠ると、刑事罰の適用対象となります。

▶▶ 廃棄物保管場所の事前届出が義務化された

　この廃棄物処理法改正により、建設廃棄物（特別管理廃棄物を含む）を、それが発生した工事現場の外の「**300平方メートル以上の**」保管場所で保管をする場合、「**あらかじめ**」都道府県知事にその旨を届出なければならなくなりました。

　注意が必要なのは、「**あらかじめ**」届出なければならないことです。廃棄物を保管する以前に届出ないと、「6月以下の懲役、または50万円以下の罰金」という、懲役刑付きの刑事罰の対象となります。

　なお、非常災害の発生などにより、応急措置として建設廃棄物の保管を行う場合は、あらかじめ届出ることは不可能ですので、保管を行ってから14日以内に届出る必要があります。

▶▶ 何を届け出るのか？

　建設廃棄物保管場所の事前届出は、「保管場所の所在地・面積」のほか、廃プラスチック類やがれき類などの「保管する産業廃棄物の種類」、屋内で保管をするのか、それとも屋外で保管をするのかという「保管方法」、「保管できる産業廃棄物の量の上限」「保管場所として使用を開始する年月日」、「保管を行う排出事業者の名称や連絡先」などを具体的に記載して、書類を提出する必要があります。それぞれの項目はそれほど難しいものはありませんので、必ず事前に届出を行うよう気を付けてください。

4-24 廃棄物保管場所の事前届出

▶▶ 地方自治体の中には条例で独自に規制しているところがある

　図に示した地方自治体においては、廃棄物処理法とは違う基準で、独自に定めた**条例**などに基づき**保管場所の届出**を義務付けていますので、該当する事業場がある場合は、そちらにも届出をすることを忘れないようにしてください。

条例で産業廃棄物の保管に関する届出を義務付けている自治体[*]

自治体名	届出の対象となる保管場所	届出対象となる保管面積
北海道	事業所外のみ	300 平方メートル以上
福島県	事業所外のみ	規定なし
船橋市	事業所内及び事業所外	100 平方メートル以上
柏市	事業所外のみ	100 平方メートル以上
神奈川県	事業所外のみ	100 平方メートル以上
新潟市	事業所外のみ	300 平方メートル以上
石川県	事業所内及び事業所外	200 平方メートル以上
金沢市	事業所内及び事業所外	200 平方メートル以上
浜松市	事業所外のみ	100 平方メートル以上
愛知県	事業所外のみ	100 平方メートル以上
名古屋市	事業所内及び事業所外	100 平方メートル以上
豊田市	事業所内及び事業所外	100 平方メートル以上
三重県	事業所内及び事業所外（発生現場は除く）	100 平方メートル以上
京都府	事業所外のみ	300 平方メートル以上
京都市	事業所外のみ	300 平方メートル以上
大阪府	事業所外のみ	300 平方メートル以上
大阪市	事業所外のみ	200 平方メートル以上
堺市	事業所外のみ	300 平方メートル以上
東大阪市	事業所外のみ	300 平方メートル以上
高槻市	事業所外のみ	300 平方メートル以上
兵庫県	事業所外のみ	100 平方メートル以上
神戸市	事業所外のみ	100 平方メートル以上
姫路市	事業所外のみ	100 平方メートル以上
尼崎市	事業所外のみ	100 平方メートル以上
西宮市	事業所外のみ	100 平方メートル以上
和歌山県	事業所内及び事業所外	100 平方メートル以上
山口県	事業所外のみ	300 平方メートル以上
大分県	事業所内及び事業所外	200 平方メートル以上

＊…**自治体**：日報アイ・ビー「週刊循環経済新聞」2010年2月1日号を基に作成。

第4章　産業廃棄物を適正処理するには

4-25 マニフェスト交付後の注意点

　排出事業者は、マニフェストを交付した後も、産業廃棄物の処理が適正に行われているかどうかを常にモニターし続けることが必要です。2011年4月から施行された改正廃棄物処理法で、「マニフェストA票の保存義務」や「処理困難通知」が加わりました。

▶▶ 改正で加わった新たな排出事業者の義務

　今回の廃棄物処理法改正では、「**マニフェストA票の保存**」が、排出事業者の新たな義務として追加されました。そのほか、処理業者に対し、施設の故障や行政処分を受けたことにより、廃棄物の処理が困難になった場合には、委託者である排出事業者に、「委託された産業廃棄物を処理できなくなりました」という通知を書面で行う義務が追加されました。

▶▶ 処理困難通知への対処法

　産業廃棄物の処理ができなくなった通知のことを、一般的には「**処理困難通知**」と呼んでいます。処理困難通知を出さなければならないタイミングは、「施設の故障や事故」「事業の廃止」「施設の休廃止」「処理業者が欠格要件に該当」「埋立終了（最終処分場の場合）」「行政処分を受ける」という6つの原因に限定されています。

　処理困難通知を受けた排出事業者は、生活環境の保全上の支障除去や被害発生の防止などの必要な措置を講じ、通知を受けた日から30日以内に、措置内容等報告書を都道府県知事に提出しなければなりません。これは、マニフェストが処理業者から返送されてこないときに必要な行動と、まったくいっしょです。

　処理困難通知への対処法としては、まずは、そんな通知を出すような処理業者とは取引をしないことが大前提です。そのために、委託先業者とのコミュニケーションを密にし、可能な限り事業場を訪問して、実際の処理状況を確認するようにしましょう。

4-25 マニフェスト交付後の注意点

　不幸にして、処理困難通知を受けた場合は、すぐに委託先業者を訪問し、事業地周辺の生活環境に悪影響が出ていないかを調査します。悪影響が発生している場合は、排出事業者自身の責任において、何らかの是正措置を迅速に行い、都道府県知事にも報告をすることになります。

マニフェスト交付実績報告を忘れずに

　排出事業者は、毎年6月30日までに、前年度分（前の年の4月1日からその年の3月31日まで）の**マニフェスト交付実績報告**を都道府県知事に行う必要があります。

　マニフェスト交付実績報告を怠った場合、いきなり刑事罰で処罰されることはありませんが、「実績報告をしなさい」という行政からの勧告や命令を無視し続けると、刑事罰の適用対象となりますので、注意してください。

マニフェスト交付実績報告の記載例＊

番号	産業廃棄物の種類	排出量(t)	管理票の交付枚数	運搬受託者の許可番号	運搬受託者の氏名又は名称	運搬先の住所	処分受託者の許可番号	処分受託者の氏名又は名称	処分場所の住所
1	廃プラスチック類	30	15	●●××▲▲	株式会社信頼運搬	大阪府●●市××町▲番	●●●●●●	安心処理株式会社	運搬先と同住所の場合は、記載不要
2	廃プラスチック類	20	10	●●▲▲××	株式会社誠実処理	兵庫県●●市▲▲町■番	●●▲▲××	株式会社誠実処理	
3									
4									

＊…の記載例：環境省ホームページ　産業廃棄物管理票に関する報告書（様式）
(http://www.env.go.jp/recycle/waste/manif_form.pdf)を基に作成。

廃棄物処理法違反が発覚したら

　排出事業者によくみられる法律違反は、委託契約やマニフェストの不適切な運用などです。その中でも、無許可業者への処理委託は、それをした排出事業者自身にも大きなダメージが返ってきます。無許可業者への処理委託が発覚すると、刑事罰の重さもさることながら、「無許可業者と結託していた企業」という、印象を社会に与えてしまいます。その結果、最初は単なる間違いであったものが、最悪の場合、それまで営々として積み上げてきた社会的信用を一夜にして失うという、計り知れないダメージを負うことにもつながります。

　廃棄物処理法は、罰則が重い割には、内容を広く社会に認知されているわけではありませんので、どの会社も、知らないうちに廃棄物処理法違反をしている場合があります。大切なことは、法律違反の事実から目を背けることではなく、早急に違反の状態を是正していくことです。

　そのためにまずやるべきことは、「違反していることが事実なのか」、「それは罰則の対象になるのか」、「どの程度の罰則が予定されているのか」という、3点を確認することです。

　以上の3点に関する事実を調査し、法律違反が事実とわかった場合は、企業として、どのような対応を取るべきかを早急に決定しなければなりません。そのためには、部門の長だけではなく、経営トップにも、情報を包み隠さず上げる必要があります。都合の悪い情報を隠した状態で報告をすると、経営トップが間違った判断を下す確率が高くなるからです。そのため、企業としては、危機管理の意味からも、平常時から、風通しの良い組織体制を作り上げておく必要があります。法律違反に対する企業としての対応方針が決定すれば、あとはその決定内容に従い、行動していくだけとなります。

　違反状態の改善に成功した場合は、「何が違反だったのか」、「どのように改善したのか」、「今後はどのような方針で行動するのか」などを、詳細に調査し、記録に残しておくとよいでしょう。

第5章 2017年度廃棄物処理法改正のポイント

この章では、2017年度改正、施行となった廃棄物処理法改正のポイントについて説明します。

5-1 2017年改正法の概要

2016年1月に発覚した食品廃棄物不正転売事件の再発防止や、火災の原因となりやすい雑品スクラップの集積ヤードの規制を図っていくために、2017年に廃棄物処理法の改正が行われました。

▶▶ 2017年改正の経緯

　2016年1月に、産業廃棄物処理業者に処理委託をしたはずのビーフカツが、あろうことかスーパーマーケットに食品として横流しをされ、そのまま販売されるという事件（通称、**ダイコー事件**）が発生しました。この食品廃棄物不正転売事件を起こした産業廃棄物処理業者には、大手の食品関連事業者が数多く処理委託をしており、マニフェスト上では「処分終了」の報告が返っていたものが大半であったため、排出事業者のみならず、行政や産業廃棄物処理業界にも大きな衝撃を与えました。

　2016年は、2010年度の廃棄物処理法改正が施行された2011年から5年目となり、廃棄物処理法改正に向け、現状の廃棄物処理法の問題点を見直すタイミングでした。そのため、2016年5月から、中央環境審議会循環型社会部会の専門部会である「廃棄物処理制度専門委員会」が招聘され、食品廃棄物不正転売事件の再発防止を含めた「廃棄物処理制度見直しの方向性」の検討が始まりました。

　廃棄物処理制度専門委員会での8回の審議を経た後、「廃棄物処理制度見直しの方向性」がまとめられ、2017年2月には、中央環境審議会からその答申が行われました。同答申では、食品廃棄物不正転売事件の再発防止対策のために電子マニフェストを活用することや、近年日本各地で大規模火災の原因として報道されることが増えた、雑品スクラップ集積場への規制の必要性も指摘されていました。

　その後、同年3月に、内閣から国会へ廃棄物処理法改正法案が提出され、衆参両院共に全会一致で改正法案が可決され、同年6月に改正法が公布されました。

　2017年改正では、以下の7点に関する法律改正が行われました。

5-1 2017年改正法の概要

2017年度法改正の内容

1. 多量の産業廃棄物を発生させる事業所設置事業者への電子マニフェストの義務化

2. マニフェストの運用義務違反に対する罰則強化

3. グループ企業による廃棄物処理の特例

4. 雑品スクラップの規制

5. 処理業者による委託者への通知義務の拡大

6. 産業廃棄物処理施設への命令規定の補足

7. 保管基準違反への措置命令規定の補足

　上記のうち、1の「多量の産業廃棄物を発生させる事業所設置事業者への電子マニフェストの義務化」のみ、施行は2020年4月1日からですが、他の部分は2018年4月1日から既に施行されています。

5-1 2017年改正法の概要

廃棄物の処理及び清掃に関する法律の一部を改正する法律の概要

1. 課題

(1) 廃棄物の不適正処理事案の発生

平成28年1月に発覚した食品廃棄物の不正転売事案を始め、引き続き廃棄物の不適正処理事案が発生

＜明らかになった課題＞
① 許可取消し後の廃棄物処理業者等が廃棄物をなお保管している場合における対応強化等が必要
② 電子マニフェストの活用による、不適正事案の早期把握や原因究明等が必要

(2) 雑品スクラップの保管等による影響

鉛等の有害物質を含む、電気電子機器等のスクラップ（雑品スクラップ）等が、環境保全措置が十分に講じられないまま、破砕や保管されることにより、火災の発生や有害物質等の漏出等の生活環境保全上の支障が発生。

＜明らかになった課題＞
○ こうした有価で取引され、廃棄物に該当しない雑品スクラップ等の保管等に際して、行政による把握や基準を遵守させることなど、一定の管理が必要

2. 改正法の概要

(1) 廃棄物の不適正処理への対応の強化

① 許可を取り消された者等に対する措置の強化（第19条の10等）
市町村長、都道府県知事等は、廃棄物処理業の許可を取り消された者等が廃棄物の処理を終了していない場合に、これらの者に対して必要な措置を講ずることを命ずること等ができることとする。

② マニフェスト制度の強化（第12条の5）
特定の産業廃棄物を多量に排出する事業者に、紙マニフェスト（産業廃棄物管理票）の交付に代えて、電子マニフェストの使用を義務付けることとする。

(2) 有害使用済機器の適正な保管等の義務付け
（第17条の2）

○ 人の健康や生活環境に係る被害を防止するため、雑品スクラップ等の有害な特性を有する使用済みの機器（有害使用済機器）について、
・これらの物品の保管又は処分を業として行う者に対する、都道府県知事への届出、処理基準の遵守等の義務付け
・処理基準違反があった場合等における命令等の措置の追加等の措置を講ずる。

(3) その他

○ 親子会社が一体的な経営を行うものである等の要件に適合する旨の都道府県知事の認定を受けた場合には、当該親子会社は、廃棄物処理業の許可を受けないで、相互に親子会社間で産業廃棄物の処理を行うことができることとする。（第12条の7）

5-2 電子マニフェストに関する法律改正

2017年度の廃棄物処理法改正によって、前々年度に特別管理産業廃棄物を50トン以上発生させた事業場には、その2年後から特別管理産業廃棄物に関しては電子マニフェストを運用することが義務付けられました。

▶▶ 電子マニフェスト運用の義務化

2017年度の廃棄物処理法改正では、「①前々年度に②特別管理産業廃棄物（PCB廃棄物を除く）を年間50トン以上排出させた③事業場がある事業者」に**電子マニフェストの運用**が義務付けられました。この改正は、排出事業者と行政に対し、特別管理産業廃棄物の処理状況を迅速に把握させることを目的としています。電子マニフェストを運用しなければならない廃棄物は特別管理産業廃棄物のみですので、産業廃棄物に関しては紙マニフェストを運用することも可能です。

この改正内容に関する施行日は、2020年4月1日からとなります。

電子マニフェストの義務付け対象となる条件は3つありますので、1つずつ解説します。

◆条件1　前々年度に

電子マニフェストに関する廃棄物処理法改正が施行されるのは2020年4月1日からですので、「前々年度」ということは、2020年の2年前の2018年度の特別管理産業廃棄物発生量が年間50トン以上ある場合は、2020年度から電子マニフェストの運用義務が発生します。

◆条件2　特別管理産業廃棄物を年間50トン以上

特別管理産業廃棄物の発生量のみが算定の対象となりますので、「産業廃棄物の発生量が年間1トン」「特別管理産業廃棄物の発生量が年間49トン」という場合は、特別管理産業廃棄物を年間50トン以上発生させたことにはなりませんので、電子

5-2 電子マニフェストに関する法律改正

マニフェストの運用は義務付けられません。

また、PCB廃棄物も特別管理産業廃棄物ですが、毎年決まった量が発生し続けるわけではなく、PCB特別措置法によって処理期限が決められているため、特別管理産業廃棄物の年間発生量の算定から除外されています。そのため、仮にPCB廃棄物が年間50トン発生していたとしても、その他の特別管理産業廃棄物の発生量が年間50トン未満であれば、電子マニフェストの運用は義務付けられません。

◆条件3　事業場

電子マニフェスト運用の義務付け対象は、「事業場」単位であって、「事業者全体」ではありません。もちろん、年間50トン以上特別管理産業廃棄物を発生させた事業場のみに、電子マニフェスト運用の義務が掛かり、年間50トン未満の発生量しかない事業には電子マニフェスト運用の義務はありません。

電子マニフェストの登録及び報告期限

2017年度の廃棄物処理法施行規則改正により、排出事業者が行う電子マニフェストの登録と産業廃棄物処理業者が行う電子マニフェストの報告期限が、従来は「3日以内」だったところが、「土曜日、日曜日、祝日、年末年始（12月29日から1月3日まで）を除く3日以内」とされました。

例えば、従来は、12月29日に中間処理を終えた中間処理業者は、12月29日から3日間以内、すなわち1月1日までに、電子マニフェストの情報処理センターに「処分終了報告」をしなければならず、電子マニフェスト情報の入力のためだけに、元旦から会社に出勤する必要がありました。それが2017年度の施行規則改正により、12月29日から1月3日までは報告期限の算定から除外されることになったため、1月4日から1月6日にかけて「処分終了報告」をすれば良いことになりました。これは、電子マニフェストを使用する事業者にとっては、事務の簡素化になる規制緩和策です。

電子マニフェストの登録及び報告期限に関する廃棄物処理法施行規則改正の施行は、2019年4月1日からです。

5-3 雑品スクラップの保管に関する規制

雑品スクラップは野ざらしのまま長期間放置される等ぞんざいに扱われることが多く、火災の原因になることが年々増えていました。2017年改正法によって、雑品スクラップの保管時から、廃棄物処理法で規制をしていくことになりました。

▶▶ 雑品スクラップへの規制が始まる

「**雑品スクラップ**」とは、「再生利用可能な金属」と「金属としては再生利用できない部品」が一体として発生した不用物を指す言葉です。例えば、鉄製の棒鋼の場合は、そのままほぼすべてを鉄として再生利用することが可能ですが、エアコンの室外機の場合は、大量の銅が含まれているものの、銅以外にプラスチックその他の大量の部品も一体的に不用物として発生します。電気製品のほとんどは、この「雑品スクラップ」に該当することになります。

雑品スクラップには、「部品の大部分がリサイクル可能な物」がある一方、「リサイクルできる部品の量が非常に少なく、それ以外の大部分を廃棄物として処理せざるを得ない物」が数多く存在します。そのため、雑品スクラップの買い取り業者の中には、雑品スクラップをぞんざいに扱い、管理の人手や労力をかけない者も多いため、野ざらしの状態で大量に放置された雑品スクラップから出火することが年々増えています。

しかしながら、雑品スクラップの大部分は、廃棄物としてではなく、リサイクル業者によって資源として買い取られた物であるため、廃棄物処理法で規制をすることができませんでした。そこで、千葉県や鳥取県等のように、法律ではなく、地方議会が制定する条例によって、雑品スクラップの保管場所の届出を義務付けるなどの規制をかける地方自治体が現れました。2017年度の廃棄物処理法改正では、そうした先行的な取り組みをしている地方自治体の事例を参考にしつつ、廃棄物ではない「雑品スクラップ」を廃棄物処理法で規制していくこととなりました。

5-3 雑品スクラップの保管に関する規制

▶▶ 雑品スクラップに対する規制の内容

　廃棄物処理法の条文上は、「雑品スクラップ」ではなく、「有害使用済機器」と定義されていますが、これは、雑品スクラップ（＝有害使用済機器）が火災の原因となりやすく、野ざらしのまま放置すると、重金属等が流出する危険性があるためです。先述したとおり、廃棄物に該当する電気製品は、2017年度改正以前より廃棄物処理法の規制対象でしたので、ここでいう雑品スクラップには、廃棄物に該当する物は含まれません。

　雑品スクラップに関する規制の対象は、「雑品スクラップの保管または処分を業として行おうとする者」です。それらの者には、「保管場所の事前届出」と「雑品スクラップの保管基準や処分基準に則った管理」が義務付けられました。

▶▶ 規制対象となる雑品スクラップの種類

　2017年改正法で規制される対象となった雑品スクラップは、家電リサイクル法対象4品目（エアコン、冷蔵庫・冷凍庫、洗濯機・衣類乾燥機、テレビ）と、小型家電リサイクル法対象28品目（携帯電話端末、パソコン、デジタルカメラその他）の合計32種類となります。32種類というと少なく感じられるかもしれませんが、我々の身の回りに存在する電気製品のほぼすべてが網羅されています。

▶▶ 保管場所の事前届出

　保管場所の事前届出義務がかかるのは、「雑品スクラップの保管を行う事業場の敷地面積が100平方メートル以上」の場合です。「雑品スクラップの保管場所そのものの面積」ではなく、「事業場の敷地面積」が100平方メートル以上である点に注意が必要です。

　保管場所の届出は、「雑品スクラップを保管、処分または再生を行おうとする10日前」までに行わねばなりません。

5-4 同一グループの企業に認められた特例

2017年度の法改正で、一定の要件を満たした企業群を一体の排出事業者とみなし、産業廃棄物処理業の許可を取得することなく、共同して産業廃棄物を処理することを認める認定制度が創設されました。

▶▶ 同一グループ企業に対する産業廃棄物処理の特例

内閣府に設置された「規制改革会議」に、一般社団法人日本経済団体連合会(以下、「経団連」)から2014年にある規制改革の要望が出されました。その後、「規制改革会議」や「廃棄物処理制度専門委員会」での度重なる審議を経て、その経団連の要望がきっかけとなり、2017年度の廃棄物処理法改正に結実したのが、「同一グループ企業に対する産業廃棄物処理の特例」です。

当初の経団連の要望内容は、「資本関係が親子関係にある企業同士が共同して産業廃棄物を処理する場合には、親会社と子会社の双方を一体の排出事業者とみなして、産業廃棄物処理業の許可が無くとも、産業廃棄物処理ができるようにしてほしい」というものでした。そのため、経団連としては、「許可申請その他の手続きを必要としない、法律上の例外規定の設置」を念頭に置いていたものと思われますが、2017年度の廃棄物処理法で決まった特例措置は、「二以上の事業者による産業廃棄物処理を行うための認定制度」となり、「認定手続き」や「認定を受けるための要件」が定められました。

▶▶ 認定の効果

認定要件の詳細を解説する前に、認定を申請する目的となる「認定の効果」を先に解説しておきます。

まず、自社が発生させた産業廃棄物を自ら運搬、あるいは自ら処分する場合は、他者の産業廃棄物を処理することにはならず、「排出事業者自身が行う処理(自ら処理)」に該当するため、産業廃棄物処理業許可を取得する必要はありません。し

5-4　同一グループの企業に認められた特例

かし、同一企業グループとはいえ、親会社と子会社は別個独立した法人ですので、例えば、親会社が子会社の産業廃棄物の処分を引受ける場合は、親会社には産業廃棄物処理業の許可が必要となります。

産業廃棄物の収集運搬または処分を共同して行いたい企業グループは、それを行おうとする都道府県から認定を受けることで、別の法人の産業廃棄物を、産業廃棄物処理業の許可を受けることなく扱えるようになります。

なお、この認定は、親会社と子会社を一体の排出事業者とみなすためのものですので、認定を受けた企業（親会社と子会社）以外の他者から産業廃棄物を引受けることはできません。認定取得企業以外（例えば、同一企業グループであっても、認定を受けていない子会社は認定取得企業ではありません）の産業廃棄物を引受けたい場合は、廃棄物処理法の原則に立ち返り、産業廃棄物処理業許可が必要になります。

▶▶ 認定を受けるための要件

認定を受けるための要件としてもっとも大きな制約となるものは、認定を受けようとする企業間の資本関係です。この認定は、先述したとおり、異なる法人格の企業群を、一つの排出事業者とみなすための特例ですので、親会社と子会社間に密接した資本関係が存在することが求められています。

具体的には、図の2つの条件のいずれかにあてはまる企業群でないと、この認定を受けられないということになります。

条件1は、「親会社が子会社の100％の出資者である」、すなわち「認定を受ける企業群は完全親子関係会社である」状態を指します。なお、親会社は1社、完全子会社は2社以上という場合でも、親会社が他の子会社の100％出資者である限り、完全子会社の数に制限はありません。

条件2は、完全親子会社関係にあることまでは求められませんが、「親会社の子会社に対する出資比率が66.6％以上」と、非常に密接した資本関係であることが求められています。また、条件2の場合は、「かつて同一の事業者であった」、すなわち「元々は一つの企業だったが分社化して別法人となった」という条件を同時に満たす必要があります。その他、「（通常は親会社の）役職員を他の企業の役員として派遣」という人的なつながりも要件の一つとして挙げられています。

5-4 同一グループの企業に認められた特例

　条件1の「親会社が子会社の100％の出資者」の場合は、「かつては同一法人だった」ことや「子会社への役職員の派遣」は必要ありませんが、条件2の「親会社の出資比率が66.6％以上」の場合は、「かつては同一法人だった」ことや「子会社への役職員の派遣」も必須となることに注意が必要です。

　資本関係以外の認定要件としては、産業廃棄物処理業許可と同様に、「法人や役員が欠格要件に該当しないこと」や「産業廃棄物処理を継続して行うための経理的基礎を有すること」等の制約が設けられています。

認定を受けるための要件

条件1 当該二以上の事業者のうち他の事業者の発行済株式の総数、出資口数の総数又は出資価額の総額を保有

条件2 下記のすべての条件を満たしている

- 当該二以上の事業者のうち他の事業者の発行済株式、出資口数又は出資価額の総額の3分の2以上に相当する数又は出資を保有。
- その役員又は職員を当該二以上の事業者のうち他の事業者の業務を執行する役員として派遣していること。
- 当該二以上の事業者のうち他の事業者は、かつて同一の事業者であって、一体的に廃棄物の適正な処理を行っていたこと。

5-5 水銀廃棄物に関する法令改正の概要

　全世界で水銀拡散の抑制をしていくために、2013年に「水銀に関する水俣条約」が採択されました。水俣条約締結に向けた法整備の一環として、2015年に廃棄物処理法施行令の改正が行われ、2017年10月1日から水銀廃棄物の処理に関する規制が強化されました。

▶▶ 全世界規模での水銀規制の始まり

　厚生労働省の調査によると、日本人の**水銀**摂取の80％以上が魚介類由来となっています。これは、火山の噴火等の自然活動の他、火力発電等の人為的な活動から大気中に放出された水銀が、河川を通じて海に運ばれることにより、魚介類の食物連鎖の過程で濃縮され、最終的には人間の体内に水銀が濃縮されていくためです。このように、水銀のさらなる拡散を防止し、それを削減していくためには世界規模の取り組みが不可欠となっています。

　2013年10月に、熊本市及び水俣市で「水銀に関する水俣条約外交会議」が開催され、先進国と途上国が協力して、水銀の供給、使用、排出、廃棄等の各段階で地球的規模の水銀汚染防止を図るために、全会一致で「水銀に関する水俣条約」が採択されました。

　2015年には、水俣条約締結に向けた法整備の一環として、新しい法律の「水銀による環境の汚染の防止に関する法律（水銀汚染防止法）」が制定されたほか、大気汚染防止法と廃棄物処理法施行令の改正が行われ、水銀の使用やそれを用いた製品の製造・廃棄、水銀の大気への排出等、水銀の大気中への拡散防止を目的とした規制が始まりました。その後、2016年2月には、日本は水俣条約締結国となり、2017年5月に水俣条約締結国が50カ国を上回ったことに伴い、同年8月16日に水俣条約が発効しました。

5-5 水銀廃棄物に関する法令改正の概要

▶▶ 水銀廃棄物の概要

2015年度の廃棄物処理法施行令改正により、廃棄物処理法で規制される水銀廃棄物の種類が3つ追加されました。新しく追加された3種類の水銀廃棄物に対する規制は、2017年10月1日からと始まっています。2015年の廃棄物処理法施行令改正以前から規制の対象であった水銀を含む特別管理産業廃棄物と合わせると、廃棄物処理法で規制される水銀関連の廃棄物は全部で4種類となりました。

◆2015年以前から規制対象であった特別管理産業廃棄物

一定量以上の水銀を含む下水汚泥や、金属精錬に用いる溶解炉その他から発生した一定量以上の水銀を含むばいじん等、特定の施設から発生した一定量以上の水銀を含んだ特別管理産業廃棄物となります。

2015年度の施行令改正でこれらの廃棄物の処理方法が変わったわけではありませんが、ばいじん、燃え殻、汚泥、鉱さいで、水銀を1,000mg/kg以上含有するもの、または、廃酸、廃アルカリで、水銀を1,000mg/ℓ以上含有するものについては、それを処理する際に水銀を回収することが義務付けられています。

◆廃水銀等

先述した特別管理産業廃棄物から回収された水銀は、特別管理産業廃棄物の「廃水銀等」として厳重に管理されることになりました。その他、試験研究機関や水銀を媒体とする測定機器を有する施設等から排出された水銀も、「廃水銀等」に該当します。

なお、廃水銀「等」の「等」は、水銀そのもののみならず、「廃水銀化合物」も「廃水銀」と同様の規制対象に含めているためです。

◆水銀含有ばいじん等

また「等」という字が名称に加わっていますが、水銀を一定量以上含んだ「ばいじん」の他にも、「燃え殻」「汚泥」「鉱さい」「廃酸」「廃アルカリ」の全部で6種類の産業廃棄物が、「水銀含有ばいじん等」として規制対象になったためです。「水銀含有ばいじん等」は、特別管理産業廃棄物ではなく、産業廃棄物に該当します。

5-5 水銀廃棄物に関する法令改正の概要

　なお、「水銀含有ばいじん等」は、新しく定義された「産業廃棄物の種類」ではなく、水銀を一定量以上含んだ「ばいじん」や「燃え殻」の総称となりますので、委託契約書やマニフェストには、「水銀含有ばいじん等」と記載するだけでは不十分となり、具体的に「ばいじん」なのか「汚泥」なのかを明記する必要があります。小学生の学年を表記する場合を例とすると、「水銀含有ばいじん等」は「小学校」に該当し、「ばいじん」が「1年生」、「燃え殻」が「2年生」になるというイメージです。「小学校」と「学年」の両方を表記しないと、小学生の学年を正確に表現できないように、水銀廃棄物の処理委託をする際には「ばいじん」や「汚泥」の具体的な特定が必要ということです。

　水銀含有ばいじん等のうち、ばいじん、燃え殻、汚泥、鉱さいで、水銀を1,000mg/kg以上含有するもの、廃酸、廃アルカリで、水銀を1,000mg/ℓ以上含有するものについては、それを処理する際に水銀を回収することが義務付けられています。

◆ 水銀使用製品産業廃棄物

　水銀電池や水銀体温計等、水銀が使用された製品37種類を廃棄する場合は、「水銀使用製品産業廃棄物」に該当します。注意が必要な物としては、「蛍光ランプ（蛍光管）」があります。LEDを使用した蛍光管の場合は、水銀が使用されていませんので、水銀使用製品産業廃棄物にはなりませんが、LED以外の一般的な蛍光管の大部分には水銀が含まれていますので、それを廃棄する際には、水銀使用製品産業廃棄物として取り扱う必要があります。ここでいう水銀使用製品37種類は、電池や体温計等の個別の単体製品になりますので、水銀使用製品産業廃棄物か否かの判別は比較的容易であろうと思います。

　判断が若干難しくなるのは、この37種類の製品が部品として組み込まれた製品の取り扱いです。例えば、水銀電池を電源として組み込んで作られた補聴器は、水銀電池が組み込まれているため、水銀電池を入れたまま補聴器を廃棄処理せざるを得ない場合は、補聴器全体を水銀使用製品産業廃棄物として取り扱う必要があります。逆に、補聴器から水銀電池を容易に取り外すことが可能である場合は、取り外した水銀電池のみが水銀使用製品産業廃棄物となり、補聴器全体を水銀使用製品産業廃棄物として取り扱う必要はありません。

　補聴器とは異なり、製品内部に水銀使用部品が組み込まれているかが、外部か

ら見ても容易に判別できない場合は、水銀使用製品産業廃棄物として取り扱う義務はありませんが、製造事業者やその製品を解体した産業廃棄物処理業者等からの情報提供で、その製品に水銀使用部品が含まれていることが判明した場合は、水銀使用製品産業廃棄物として取り扱うことが推奨されています。

また、先述した37品目に該当しない製品であっても、「製品本体に水銀等の使用に関する表示」がある物は、水銀使用製品産業廃棄物として取り扱う必要があります。

「水銀体温計」のように液状の金属水銀を含んだ水銀使用製品産業廃棄物については、それを処理する際に水銀を回収する必要があります。

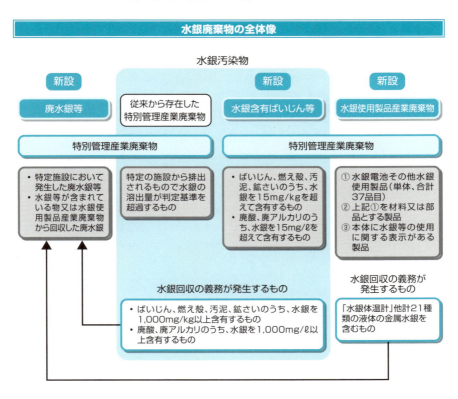

5-5 水銀廃棄物に関する法令改正の概要

「水銀使用製品産業廃棄物」とは

下記のいずれか1つのカテゴリー（区分）に当てはまる物が、「水銀使用製品産業廃棄物」となる。

区分1　施行規則別表4で列挙されている37品目

①水銀電池、②空気亜鉛電池、③スイッチ及びリレー（水銀が目視で確認できるもの限定）、④蛍光ランプ（例陰極蛍光ランプ及び外部電極蛍光ランプを含む）、⑤HIDランプ（高輝度放電ランプ）、⑥放電ランプ（蛍光ランプ及びHIDランプを除く）、⑦農薬、⑧気圧計、⑨湿度計、⑩液柱計圧力計、⑪弾性圧力計（ダイアフラム式のものに限る）、⑫圧力伝送器（ダイアフラム式のものに限る）、⑬真空計、⑭ガラス製温度計、⑮水銀充満圧力式温度計、⑯水銀体温計、⑰水銀式血圧計、⑱温度定点セル、⑲顔料、⑳ボイラ（二流体サイクルに用いられるものに限る）、㉑灯台の回転装置、㉒水銀トリム・ヒール調整装置、㉓水銀抵抗原器、㉔差圧式流量計、㉕傾斜計、㉖周波数標準機、㉗参照電極、㉘握力計、㉙医薬品、㉚水銀の製剤、㉛塩化第一水銀の製剤、㉜塩化第二水銀の製剤、㉝よう化第二水銀の製剤、㉞硝酸第一水銀の製剤、㉟硝酸第二水銀の製剤、㊱チオシアン酸第二水銀の製剤、㊲酢酸フェニル水銀の製剤

区分2　「区分1」の製品を組み込んで製造された製品

例：①水銀電池を組み込んで製造された補聴器（補聴器の水銀電池のみならず、補聴器全体が水銀使用製品産業廃棄物に該当）

　ただし、③スイッチ及びリレー（水銀が目視で確認できるもの限定）、④蛍光ランプ（例陰極蛍光ランプ及び外部電極蛍光ランプを含む）、⑤HIDランプ（高輝度放電ランプ）、⑥放電ランプ（蛍光ランプ及びHIDランプを除く）、⑪弾性圧力計（ダイアフラム式のものに限る）、⑫圧力伝送器（ダイアフラム式のものに限る）、⑬真空計、⑮水銀充満圧力式温度計、⑲顔料、㉖周波数標準機が組み込まれた製品で、それが外部から判別できないものについては、水銀使用製品産業廃棄物から除外される。

区分3　水銀又はその化合物の使用に関する表示がされている製品

5-6
水銀廃棄物管理の実務

保管、委託先処理業者の選定・契約から引渡しにいたる水銀廃棄物管理の際には、水銀廃棄物特有の注意点があります。ここでは、個別の実務の注意点や、委託契約書やマニフェストで抜けてはいけないポイントを解説します。

▶▶ 水銀廃棄物管理の注意点

　水銀廃棄物も産業廃棄物である以上、委託契約書の作成と保存等他の産業廃棄物と同様の規制を受けることになりますが、水銀廃棄物特有の注意点がいくつかありますので、それを詳しく解説していきます。ここでは、あらゆる事業所から発生する可能性が高い蛍光管（水銀使用製品産業廃棄物）を例として解説をしますが、「廃水銀等」や「水銀含有ばいじん等」にも共通する部分が多くありますので、基礎的知識として、まずは下記の内容を理解するようにしてください。

▶▶ 保管

　水銀使用製品産業廃棄物は一度に大量に発生するものではないため、産業廃棄物処理業者に渡すことができる程度の量がたまるまでの間は、産業廃棄物保管場所として定めた場所で保管せざるを得ません。
　水銀使用製品産業廃棄物の保管時の注意点は以下の2点です。

①水銀使用製品産業廃棄物が保管中に万が一破損した場合の備えとして、また水銀使用製品産業廃棄物以外の廃棄物と混合しないように、仕切りを設けた状態で保管をする必要があります。仕切りといっても、産業廃棄物保管場所に仕切り壁を増設する必要はなく、水銀使用製品産業廃棄物専用の保管容器を用意して、そこに蛍光管だけを入れるようにすれば、保管容器自体が仕切りになり、それほど大きなコストを掛けることなく保管基準を満たせるようになります。

②保管場所であることを示す掲示板に「保管する産業廃棄物の種類」として、「廃蛍光管」であれば「ガラスくず、金属くず（水銀使用製品産業廃棄物）」と、保管対象物が明確にわかるように記載すること

▶▶ 委託先処理業者の選定

収集運搬や中間処理の委託をする場合は、「水銀使用製品産業廃棄物」の取り扱い許可を持った産業廃棄物処理業者に委託をしなければなりません。

委託予定先の産業廃棄物処理業者の許可証情報を確認することがその第一歩となりますが、中間処理を初めて委託する場合は、その業者の事業場を実際に訪問し、委託する水銀使用製品産業廃棄物の取り扱い実績や処理の安全性等を確認しておいた方が良いでしょう。

▶▶ 契約

委託契約書の法定記載事項の一つである「委託する産業廃棄物の種類」に、「廃蛍光管」であれば「ガラスくず、金属くず（水銀使用製品産業廃棄物）」と、水銀使用製品産業廃棄物であることを明確に記載することが必要です。

なお、廃棄物処理法施行令改正時の猶予措置により、2017年9月30日以前に締結した水銀使用製品産業廃棄物に関する処理委託契約書については、その契約が更新されるまでの間は、「委託する産業廃棄物の種類」に水銀使用製品産業廃棄物の記載が無くとも法律違反ではありませんが、その契約が更新された瞬間から猶予措置の対象ではなくなりますので、「産業廃棄物の種類」に水銀使用製品産業廃棄物を追記、あるいは契約書を再作成する必要があります。

▶▶ 引き渡し

運搬の途中で水銀使用製品産業廃棄物が破損しないように、通常は専用の容器や梱包材にくるんだ状態で産業廃棄物処理業者に引き渡しをします。

その際に交付する産業廃棄物管理票（マニフェスト）には、廃蛍光管の場合は「産業廃棄物の種類」として「金属くず」「ガラスくず」「水銀使用製品産業廃棄物」にもチェックをする必要があります。

第6章
処理業者選定のポイント

産業廃棄物の処理業者を適切に選定するためには、自治体への照会、書類調査、現地調査、周辺住民への確認などを行い、処理業者の情報をより多く収集することが重要です。

この章では、実際に処理業者を選ぶときに、どのような点を確認したらよいか、具体的なチェックポイントを説明します。

6-1 委託先処理業者の現地確認が義務となった

現地確認義務は、2011年4月から施行される廃棄物処理法改正によって、新しく排出事業者の努力義務となった行動です。現地確認は、努力義務であるため、怠った場合でも罰則が適用されることはありませんが、排出事業者責任をまっとうするうえで不可欠の行動です。

▶▶ 現地確認とは

　現地確認とは、廃棄物処理法で使われる正式な法律用語ではありません。具体的な定義としては、「排出事業者が、産業廃棄物の処理委託契約をする際に、処理業者を訪問し、産業廃棄物の処理が適切に行われているかどうかを確認する行動」を指します。法律の条文からすると、「処理状況の確認」という方が正確なのかもしれません。しかし、この本では、「委託先業者を選定するために、処理現場を訪問して、自分の目で確認する」という本来の目的を重視して、「現地確認」という表現で解説を統一しています。

　今回の廃棄物処理法改正によって、委託先業者の処理状況を確認することが、罰則なしの努力義務となりました。罰則がないため、現地確認を怠った場合でも、ペナルティが科されることはありませんが、排出事業者責任をまっとうするためには、委託先の処理業者の資質を精査し、委託契約のとおりに廃棄物処理ができそうかどうかを、自ら確認することが不可欠です。そのため、現地確認そのものには罰則の適用がないとはいえ、現地確認を怠ると、委託先業者の不正が見抜けず、不法投棄などの不祥事にまきこまれやすくなることを覚えておいてください。

▶▶ 現地確認が義務化された背景

　これまで、廃棄物処理法は頻繁に改正され、不法投棄の罰則などを徐々に重くしてきましたが、不法投棄などの廃棄物の不適正処理がなくなることはありませんでした。その原因として、従来は「処理業者が悪い」という論調が主流でしたが、

6-1　委託先処理業者の現地確認が義務となった

最近ようやく、「廃棄物を発生させている排出事業者の責任をもっと強化するべきだ」という見方が現れるようになりました。とくに、多くの排出事業者が、処理業者の信頼性よりも、「処理料金の安さ」のみを重視し、処理施設の概要を確認することなく、無責任な委託を繰り返していた実態がありました。そのため、環境省が設置した「**廃棄物処理制度専門委員会**」で、「排出事業者には現地確認を義務付けるべき」という問題提起がなされました。専門委員会で議論が重ねられた結果、「現地確認は努力義務としよう」という結論に落ち着き、その結論がそのまま今回の廃棄物処理法改正の一部として盛り込まれました。現地確認は、「努力義務だからやる必要なし」ではなく、「排出事業者の法律的、あるいは社会的な責任を果たすために必要な行動」として受け止める必要があります。

排出事業者責任が強化されてきた経緯

1970（昭和45）年	●「廃棄物の処理及び清掃に関する法律」制定
1976（昭和51）年	●措置命令規定を追加
1991（平成3）年	●産業廃棄物委託基準を改正 ●特別管理廃棄物制度を創設 ●特別管理産業廃棄物に、マニフェストの使用を義務付け
1997（平成9）年	●マニフェストの使用義務が、全ての産業廃棄物に拡大 ●電子マニフェスト制度を創設 ●措置命令の対象を拡大（マニフェストを交付しなかった者まで拡大）
2000（平成12）年	●マニフェスト制度を改正（産業廃棄物の処分が終了したかを確認する義務を、最終処分終了時まで拡大） ●不適正処分に係る措置命令対象を拡大（排出事業者が対象に加えられた） ●管理票の不交付についての罰則を新設
2003（平成15）年	●事業者の一般廃棄物処理の委託基準を創設
2005（平成17）年	●産業廃棄物管理票制度を強化（措置命令規定の追加、管理票の保存を義務付け）
2010（平成22）年	●排出事業者に対し、委託先処理業者の処理状況の確認を義務付け（努力義務） ●多量排出事業者が「廃棄物処理計画」などを提出しない場合に過料を科す罰則を追加 ●建設廃棄物の排出事業者を元請会社に一本化 ●建設現場以外の場所で廃棄物を保管する場合は、事前に都道府県知事に届出ることを義務付け ●保管基準違反を措置命令の対象に追加 ●建設工事に関して、下請会社が廃棄物の不適正処理を行った場合に、元請会社を措置命令の対象に追加

6-2 適切な処理業者を選定するためには

適切な業者を選定するためには、①許可内容の確認、②行政処分歴の有無、③処理フローの明確性、④事業場の様子、⑤情報公開の姿勢、⑥処理業者の財政状況、⑦近隣住民からの評判、をチェックしましょう。

▶▶ もし、不法投棄されたら

産業廃棄物は、さまざまなルートを経由して処理されています。もし、委託先が契約どおりに産業廃棄物の処理を行わず、不法投棄された場合、排出事業者は廃棄物処理法違反に問われ、懲役や罰金などの罰則を受ける可能性があります。また、影響はそれだけに留まらず、社名公表による企業のブランドイメージの低下など、自社の経営に多大な影響を与える事態に発展する可能性があります。

このような、産業廃棄物処理に潜むリスクを回避するために、適切な処理業者を選定することが重要になってきています。

▶▶ 適切な業者を選定するためのポイント

適切な処理業者を選定するためには、産業廃棄物処理業の許可の有無の確認といった基本的なチェック事項から、処理業者の財務状況まで、さまざまなチェックポイントがあります。ここでは、そのチェックポイントを7つにまとめ、説明していきます。

適切な業者を選定するためのチェックポイントは、

①許可内容の確認
②行政処分歴の有無
③処理フローの明確性
④事業場の様子
⑤情報公開の姿勢

⑥処理業者の財政状況
⑦近隣住民からの評判

の7つになります。

　このうち、①②③の3点については、新しい処理業者と契約を結ぶ際に必ずチェックしてもらいたいポイントです。この3点は、取引歴のある処理業者に対しても、年に1回チェックしてみるなど、定期的に気をつけておきたい項目です。そのほかの4点についても、処理業者との取引の頻度や、委託する処理の内容など、それぞれの会社の実情に合わせて、チェック項目やチェックする回数を調整するようにしましょう。

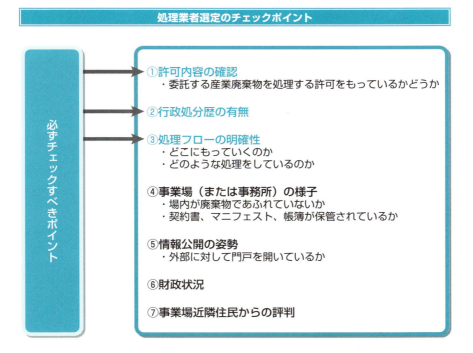

処理業者選定のチェックポイント

必ずチェックすべきポイント

① 許可内容の確認
　・委託する産業廃棄物を処理する許可をもっているかどうか

② 行政処分歴の有無

③ 処理フローの明確性
　・どこにもっていくのか
　・どのような処理をしているのか

④ 事業場（または事務所）の様子
　・場内が廃棄物であふれていないか
　・契約書、マニフェスト、帳簿が保管されているか

⑤ 情報公開の姿勢
　・外部に対して門戸を開いているか

⑥ 財政状況

⑦ 事業場近隣住民からの評判

6-3 許可内容を確認しよう

委託先の許可証の内容を確認することは、産業廃棄物の処理を委託する際の基本です。特定の産業廃棄物の種類を取り扱う許可があったとしても、処理する施設の仕様によっては、実際には処理できない場合がありますので、注意が必要です。

▶▶ 許可内容の確認ポイント

産業廃棄物の処理を委託する際には、以下のポイントに注意して、許可証の内容を確認します。

委託先の名称や住所をチェックし、他の業者の許可証ではなく、確実にその処理業者の許可証であることを確認します。

許可の有効期限をみて、実際に委託をしたい時期まで有効かどうかを確認します。許可の更新申請中であるときは、許可期限が過ぎてしまっていても、産業廃棄物処理業を行うことができます。その場合は、新しい許可証ができた段階で、すぐにその写しを送ってもらい、委託契約書に最新の許可証を添付するようにしましょう。

委託する産業廃棄物の種類が、許可証の中に含まれているかどうかを確認します。産業廃棄物処理施設の内容によっては、同じ廃プラスチック類であっても、処理できない場合があります。処理業者に具体的な産業廃棄物の内容を告げ、実際に扱えるかどうかを確認してください。

できるかぎり、処理業者の施設を見学するようにし、その施設で処理できる具体的な産業廃棄物の種類を確認しておくとよいでしょう。

収集運搬で、積み替え・保管場所への運搬を委託する場合は、許可証に記載されている**保管場所の面積と容積**を確認し、委託する産業廃棄物を保管する余裕があるかどうかを検討します。

中間処理を委託する場合は、許可証に記載されている**産業廃棄物処理施設の処理能力**を確認し、中間処理を委託する量を受け入れても、処理に余力がありそうかどうかをチェックしてください。

6-3 許可内容を確認しよう

許可の条件で、施設の稼動時間や、取り扱える具体的な産業廃棄物が限定されている場合があります（たとえば、廃プラスチック類は○○に限るなど）ので、よく確認しておきましょう。

許可証のチェックポイント（中間処理を委託する場合）

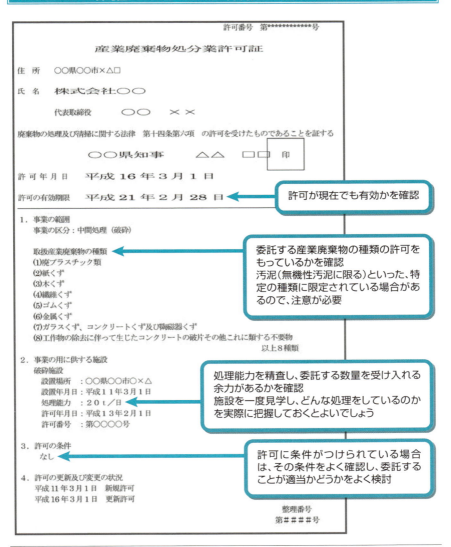

6-4 行政処分歴の有無を確認しよう

行政処分が下されたということは、その処理業者に悪質な法律違反があったということです。処理業者の行政処分歴を確認することで、適法に産業廃棄物の処理を委託できるかを知ることができます。

▶▶ 行政処分とは

行政処分とは、営業停止、施設の使用停止、許可の取消などの、行政から処理業者に対して与えられる不利益な処分のことです。

通常は、いきなり行政処分が下されるケースはまれです。まずは、**行政指導**で違反行為の是正を指導されます。行政指導を突き抜けて、行政処分が下されたということは、故意に違反行為をしていたか、あるいは重大な過失があったなど、その処理業者に非常に大きな問題があったことを意味します。

▶▶ 行政処分歴の有無を確認する理由

産業廃棄物処理業者の行政処分歴を確認することには、次のような意味があります。

まず、適法に産業廃棄物の処理を委託できるかを確認できます。営業停止や、施設の使用停止といった行政処分が産業廃棄物処理業者に下されても、その処理業者の許可証にはなにも記録されません。

そのため、許可証をもっていても、実態は、数日前に許可を取り消された無許可業者ということが現実に起こり得ます。

次に、処理業者の経営方針を知ることができます。行政処分の原因となった違反行為が故意であっても、過失であっても、廃棄物処理法律の規定に無知ということは、産業廃棄物の処理に関してプロフェッショナルであるべき処理業者にとって、致命的な欠陥といえるでしょう。

▶▶ 行政処分歴の有無を確認する方法

行政処分歴の有無を確認するには、都道府県もしくは政令市の担当部局に照会をする必要があります。

照会するときにおさえておくべきポイントは、

①現在、行政処分を受けているか
②過去、その処理業者に対し行政処分がされた事実はあるか（過去5年間程度はさかのぼって確認したいところです）
③行政処分を受けていた場合、それはどんな処分か

などです。

中でも、①の現在行政処分を受けているかという点は、委託者にとって非常に重要です。

行政処分の種類*

報告徴収、立入検査	法律の施行に必要な限度において、都道府県知事または政令市長は、排出事業者、処理業者（無許可業者を含む）から廃棄物の処理、施設の構造・維持管理について、必要な報告を求めることができます。 また、排出事業者、処理業者の事業場、処理施設のある土地や建物に立ち入り、廃棄物の処理、施設の構造基準・維持管理に関する帳簿や書類、その他の物件を検査することができます。
改善命令	排出事業者、処理業者が処理基準に適合しない廃棄物の処理を行った場合、都道府県知事または政令市長は、廃棄物の適正処理を確保するため処理方法の変更、その他必要な措置を講じるよう命ずることができます。
措置命令	不法投棄など、処理基準に適合しない廃棄物の処分が行われた場合で、生活環境の保全上支障が生じ、または生じるおそれがある場合に、都道府県知事または政令市長はその支障の除去、発生の防止のために必要な措置を講じることを命じることができます。

＊…の種類：（財）日本産業廃棄物処理振興センターのホームページ　学ぼう産廃　産廃知識　行政処分
(http://www.jwnet.or.jp/waste/gyouseishobun.shtml) を基に作成。

6-5 処理フローは明確になっているか

中間処理を委託する場合、中間処理後の残さの処理が終わるまでは、本当に処理し終えたことにはなりません。そのためにも、残さの処理フローを把握する必要があります。

▶▶ 処理フローの明確性とは

　中間処理を委託する場合、中間処理をした後の産業廃棄物の処理方法が問題となります。そのため、収集運搬や最終処分を業者に委託するときには、処理フローの明確性をチェックする必要はありません。

　処理フローとは、中間処理業者が開示する、産業廃棄物の中間処理後に残った残さの処理を委託、あるいは売却する相手に関する情報のことです。明確性とは、誰がみても、その処理フローが明確にわかるかどうかということです。中間処理後の産業廃棄物の処理フローを明確にするため、排出事業者と中間処理業者間の委託契約書には、中間処理後の残さの処分先を記載するようになっています。

　中間処理業者から最終処分業者までの間は、複数の処理業者が関与することになりますので、その間に、不法投棄や再委託が行われる可能性はゼロではありません。

▶▶ 処理フローに関するチェックポイント

　中間処理後の残さの処理フローについては、どこに、誰が、どうやって処分するのか、という3点が問題になります。

　まず、「**どこに**」とは、産業廃棄物を中間処理した後の残さを、どの処理業者に処分してもらうのかということです。また、処分の委託ではなく、残さを売却する場合は、どこに残さの売却をするのかを確認します。

　次に、「**誰が**」とは、中間処理業者のところから、誰が残さを運び出すのかということです。「**誰が**」には、①中間処理業者自らが残さを運搬する、②収集運搬業者に運搬を委託する、③処分（または売却）先が回収に来る、という3つのパター

6-5 処理フローは明確になっているか

ンが想定されます。なお、①の中間処理業者自らが残さを運搬する場合、中間処理業者には、収集運搬業の許可が必要です。

最後に、「**どうやって処分するのか**」とは、残さの具体的な処分または利用方法のことです。残さの処分を委託する相手は、その残さを適切に処理できる業者でなければなりません。また、破砕処理後の残さを、再度別の中間処理業者に持ち込んで破砕処理するといった、同じ処理の繰り返しは認められていません。

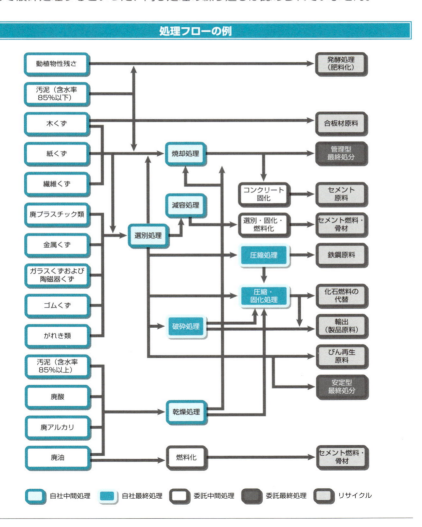

6-6 事業場の様子をチェックしよう

事業場の様子を観察するだけで、処理業者に関するさまざまな貴重な情報が手に入ります。みるべきポイントは、①作業場所が整然と整理されているか、②事務所内に委託契約書や台帳が保存されているか、の2点です。

▶▶ 作業場所や産業廃棄物の保管場所

廃棄物の処理業者の施設などを訪問して、施設の状況、廃棄物の処理やリサイクルの状況、書類（契約書、マニフェストなど）の保管状況を確認します。

まず、**作業場所や産業廃棄物の保管場所**が、整然と整理されているかを確認します。施設の故障や、季節変動で一時的に保管が増えているといった明確な理由がないのに、明らかに大量の産業廃棄物が保管されている場合は、注意が必要です。このようなケースでは、大量に廃棄物を保管し続けることによって、処理を限界まで先延ばしにする、あるいは再委託先にまとめて持ち帰らせることを目的にしていることもあるからです。

▶▶ 委託契約書、マニフェスト、帳簿などの保存

次に、事務所内に、**委託契約書**、**マニフェスト**や**帳簿**などが保存されているかを確認します。事務所内に委託契約書、マニフェスト、帳簿などを保存していない処理業者に、産業廃棄物の処理を委託することには、高いリスクがあるといわざるを得ません。保存が必要な書類を整備していないということは、基礎的な知識の欠如や、従業員の教育のコストを負担する余裕がないことを意味するからです。

また、委託契約書、マニフェスト、帳簿などは、産業廃棄物の処理に伴い、頻繁に扱う書類ですので、必要なときにすぐ取り出せる状態にあるのが大前提です。処理業者の事務担当者に、これらの書類を作成しているかを尋ね、どこに保存しているのかを確認しておくとよいでしょう。

6-6 事業場の様子をチェックしよう

廃棄物委託先現地調査票の例[*]

様式1

承認	審査	作成

廃棄物委託先現地調査票（新規契約・定期調査）

業者名		所在地		電話番号	
調査年月日		立会者		調査者	
業者区分					

区分	No.	チェック項目	確認区分 収集	確認区分 中間	確認区分 最終	判定
法規制・基準事項	1	委託廃棄物の産廃許可証はあるか。有効期限は切れていないか。	●	●	●	
	2	許可内容(事業区分、廃棄物種類、施設、許可条件)は、現状に相違ないか。	●	●	●	
	3	帳簿(マニフェスト、マニフェスト管理台帳)があるか。(受入れ及び処分の年月日、量、方法、受入先名等)	●	●	●	
	4	産業廃棄物処理責任者を設置しているか。	●	●	●	
	5	技術管理者を設置しているか。	ー	●	●	
	6	所管する自治体(都道府県、市町村、保健所等)の検査を受けているか。指導事項はないか。	●	●	●	
	7	特管物を扱う場合は、特管物の処分に関する講習を修猟した者がいるか。	●	●	●	
	8	特管物を扱う場合は、周囲の地下水の水質検査を実施しているか。結果は良好であるか。	ー	●	●	
	9	処分場周囲は、みだりに人が立ち入ることができないようになっているか。	ー	ー	●	
	10	処分場であることを表示する札があるか。	ー	ー	●	
	11	処分場の周囲には、雨水等が処分場に流入しないように開渠があるか。	ー	ー	●	
	12	処分場からの浸出水で公共水域及び地下水を汚染するおそれがないか。	ー	ー	●	
	13	処分場に排水処理施設がある場合は、施設管理、水質検査が実施されているか、結果は良好であるか。	ー	ー	●	
	14	埋立てる廃棄物の一層の厚さは3m(腐敗物40%以上の場合は0.5m)以下にしているか。	ー	ー	●	
	15	埋立てる廃棄物の一層ごとに表面を土砂で厚さ0.5m程度覆っているか。	ー	ー	●	
	16	処分場からのネズミ、蚊、はえ等の害虫の発生は認められないか。	ー	●	●	
	17	廃棄物の飛散、流出、悪臭はないか。	●	●	●	
	18	汚泥は含水率が85%以下にして埋め立てしているか。	ー	ー	●	
	19	廃プラ、ゴム屑は15cm以下に破砕して埋め立てしているか。	ー	ー	●	
	20	はいじんは空気中に飛散しないよう梱包等の対策をして埋め立てしているか。	ー	ー	●	
	21	埋立地の地盤の滑り防止は適切にされているか。	ー	ー	●	
	22	排出されるダイオキシンの定期測定を実施しているか。結果は良好であるか。法規制値をクリアしているか。	ー	●	ー	
	23	火災の発生防止、消火設備が備えてあるか。	●	●	●	
	24	処分場の災害防止計画を策定し、計画通りに実施されているか。	ー	●	●	
	25	中間処理後の残渣、埋立処分する廃棄物等の保管・管理(マニフェスト)は適切か。(処分量：　　t/年)	ー	●	●	
	26	埋立処分委託先の管理は適切か。(委託契約書、定期査察の実施)	ー	●	ー	
一般事項	27	付近住民からのクレームは無いか。	●	●	●	
	28	付近住民とのコミュニケーションは実施されているか。(地域懇親会、説明会等)	●	●	●	
	29	経営者の廃棄物処分に対する考え方、経営方針は環境に配慮しているか。	●	●	●	
	30	ISO14001の認証取得をしているか。(認証機関：　　)(取得年月：　　)(登録番号：　　)	●	●	●	
	31	産廃協に加入しているか。	●	●	●	
	32	処分場から出る雨水及び排水の放流先は、影響の少ないところか。	ー	●	●	
	33	中間処理施設の規模、能力等は十分あるか。	ー	●	ー	
	34	最終処分場の受入れ許容量は十分あるか。(残余容量　　年)	ー	ー	●	
	35	主要な顧客はどこか。(　　)(当社のシェア　　%)	●	●	●	
	36	県の産業廃棄物対策基金に出資しているか。	●	●	●	
	37	当社から処分場までの運搬道路は良好か。(走行距離、走行時間、道路状況等)	●	●	●	

意見・備考欄

結　論

（判定：可・否）

判　定	○:良好　△:要注意　×:要改善　ー:該当なし

第6章　処理業者選定のポイント

[*]…調査票の例：経済産業省ホームページ　廃棄物・リサイクルガバナンス事例集
(http://www.meti.go.jp/policy/recycle/main/3r_policy/policy/pdf/smp08_01.pdf)より。

6-7 情報公開の姿勢はどうか

　優良産廃処理業者認定制度では、法人の基礎情報、取得した産業廃棄物処理業の許可内容、処理施設の能力や維持管理状況、産業廃棄物の処理状況等の情報を、インターネット上で公開するよう求めています。ここでは、処理業者の情報公開の姿勢を評価するためのポイントをみていきましょう。

外部との交流状況

　委託先を選定する際、地域社会とのトラブルが原因で、その処理に支障が生じるリスクを回避するため、処理業者が地域住民等と良好な関係を保っているかどうかは判断材料の1つです。事業場の公開の有無や頻度といった情報は、処理業者が地域との融和に努めているかどうかを判断する目安となります。

　社会貢献の一環として、学校などからの見学を受け入れている処理業者も増えています。地域の行事に積極的に参加している場合は、地域との付き合いが円滑に進んでいる証拠でもあります。

自社に関する情報の公開状況

　従来の産業廃棄物処理業者優良性評価制度に変わり、2011年4月から運用が始まった**優良産廃処理業者認定制度**では、事業の透明性を評価基準の1つとしています。事業の透明性に関する評価基準としては、法人の基礎情報(名称、代表者、資本金その他)、取得した産業廃棄物処理業の許可内容、処理施設の能力や維持管理状況、産業廃棄物の処理状況等の情報を、インターネットで公開することを求めています。

　これらの公開情報の質や内容の妥当性を検討することで、より質の高い処理業者を選択することができるようになります。

　最近では、処理施設の状況をモニターカメラで撮影し、インターネット上でリアルタイムに公開する処理業者も現れてきました。

料金のある程度の目安を公開しているか

　処理料金については、産業廃棄物の性状や荷姿によって大幅に変化します。処理料金は安ければ良いというわけではなく、処理コストの妥当性を評価することが重要です。

　さまざまな処理業者の処理料金の提示方法を見比べるなどして、合理的で透明な処理料金の提示方法となっているかどうかをよく検討しましょう。安すぎる料金を提示している場合は、何らかの不適正処理がなされているおそれもあることに注意が必要です。

産業廃棄物処理業者の情報公開性の評価基準の例[*]

分類	情報の公表項目
1.会社情報	1-1 名称、所在地、設立年月日、資本金又は出資金、代表者・役員等の氏名、及び就任年月日 1-2 事業の内容(資本金、会社名や事業内容の変遷等)
2.許可情報	2-1 事業計画の概要 2-2 業許可証の写し
3.施設及び処理の状況	3-1 事業の用に供する施設(車両も含む)の種類及び数量、低公害車の導入状況 3-2 施設の種類ごとの処理能力、処理方式、構造および設備の概要 3-3 事業場ごとの処理工程図 3-4 産業廃棄物の種類ごとの最終処分までの一連の処理の行程 3-5 処理の実績、熱回収量等(直前3年間分) 3-6 処理施設の維持管理状況(直前3年間分)
4.経営財務	4-1 財務諸表(貸借対照表、損益計算書、株主資本等変動計算書、個別注記表)(直前3年間分)
5.料金	5-1 料金表の提示、料金算定式の提示、個別見積もり等の料金の提示方法
6.組織体制	6-1 社内組織図 6-2 人員配置
7.事業場の公開	7-1 事業場の公開の有無及び公開頻度

[*]…評価基準の例：公表情報一覧(公益財団法人産業廃棄物処理事業振興財団)を基に作成。

6-8 処理業者の経営状況を分析しよう

処理業者の決算書は、経済活動が役員など個人の経済活動と切り離されて適切に会計処理される体制となっているかどうかといった企業としての基礎や、企業の安全性、収益性、成長性、生産性など、処理業者の経営状況を評価する材料とすることができます。

▶▶ 処理業者に対する財務分析の必要性

処理業者の貸借対照表や損益計算書などの決算書は、経済活動が役員など個人の経済活動と切り離されて適切に会計処理される体制となっているかどうかといった企業としての基礎や、企業の安全性、収益性、成長性、生産性など、処理業者の経営状況を評価する材料とすることができます。

決算書から、その処理業者が不適切な産業廃棄物の処理を行うリスクを、あるていど予測することもできます。

▶▶ 売上高と処理能力を比べると

ここでは、比較的理解しやすい、売上高と産業廃棄物の受入量のオーバーフローの関係を説明します。

以下の例の処理業者は、中間処理業者で収集運搬の許可をもっていないものとします。

まず、決算書から**売上高**を抽出します。売上高は、損益計算書の一番上に記載されています。産業廃棄物処理業以外の事業をもっている場合は、全事業の総売上高になっていますので、産業廃棄物処理事業の割合を処理業者に確認し、おおよその産業廃棄物処理事業の売上高を算出してください。

中間処理業者の場合は、処理施設の能力という制約があるため、売上を右肩上がりに増やし続けることは不可能です。そこを利用して、1年間処理施設を稼動することによって計上することが可能な売上高を予想します。

6-8 処理業者の経営状況を分析しよう

　具体的には、許可証に記載された**処理能力**に、その業者の平均処理単価をかけて、1日あたりの売上高を算出します。それに、1年分の稼働日数をかけると、1年分の売上可能額を算出できます。

　産業廃棄物処理事業の売上高と1年分の売上可能額を比較して、産業廃棄物処理事業の売上高が1年分の売上可能額の2倍以上あるような場合は、現実的に処理できる量を大幅に超えた産業廃棄物を受け入れている可能性があります。そうなると、処理しきれない産業廃棄物を無断で再委託するなど、不適正処理を行うおそれがあります。

　売上高と処理能力という、たった2つの情報から、このようなリスクをあるていど推測できるようになります。ぜひ、実際に試してみてください。

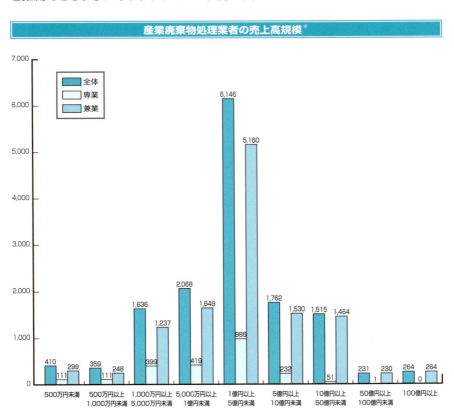

産業廃棄物処理業者の売上高規模 *

＊…売上高規模：環境省「平成18年度産業廃棄物処理業の将来像等の検討に関する調査結果」より。

6-9 近隣住民から評判を聞こう

実際に現地に行って、近隣住民に処理業者に関する情報を聞くことにより、振動・騒音・悪臭の有無、周辺住民とのコミュニケーションがうまくとれているかなどについて確認することができます。

▶▶ 近隣住民から処理業者の評判を聞く

産業廃棄物処理業者は、廃棄物処理施設の設置・運営をめぐり近隣住民や行政と紛争が生じることも珍しくありません。委託先を選定する際、地域社会とのトラブルが原因で、その処理に支障が生じるリスクを回避するため、処理業者が近隣住民と良好な関係を保っているかどうかは判断材料の1つになります。

実際に現地に行って施設の操業状況や職員のモラルなどを確認するとともに、近隣住民の評判などの情報を収集することは重要です。近隣住民に処理業者に関する情報を聞くことにより、振動・騒音・悪臭の有無、周辺住民とのコミュニケーションがうまくとれているかなどについて確認することができます。

▶▶ 騒音、振動、悪臭、車両の出入りをチェック

廃棄物処理施設の稼動によって、**騒音・振動・粉じんなどが発生していないか**、**廃棄物の集積に伴い悪臭は発生していないか**、などをチェックします。処理業者の操業に伴い、近隣住民の生活環境に支障を生じていないかを確認します。

事業場への車両の出入りもチェックします。車両の出入りが異常に多い場合は、処理能力を超過した産業廃棄物を受け入れ、再委託を行う可能性もありますので、注意が必要です。

もし、事業場の近隣で暮らしている人がいない場合は、最寄りの市町村役場の環境担当課に「処理業者に関する苦情が出ていないか」を質問してもよいでしょう。

▶▶ 近隣住民との関係

　近隣住民から、その処理業者は近所ともうまくやっていますよという評価が得られた場合は、処理業者が地域との良好な関係構築に向けた取り組みを積極的に行っていることが考えられます。地元と円滑な関係を結んでいるということは、継続的にこの場所で事業をしたいという処理業者の並々ならぬ意欲の現われでもあります。このような処理業者とつきあうようにすれば、必然的に、不法投棄などの産業廃棄物の不適切な処理をされるリスクは、かなり低くなるでしょう。

産業廃棄物処理業者にかかわる情報と主な情報源[*]

	情報源	処理・リサイクル業者にかかわる情報
資料などの収集	自治体	● 許認可に関する情報 ● 過去の行政指導経験の有無
	書類調査（業者へ請求）	● 施設の処理能力・方法 ● 管理体制 ● 財務状況
現地での確認	現地調査（業者へ自ら赴く）	● 施設の操業状況 ● 環境対策、影響の有無 ● 職員のモラル
	周辺住民	● 振動、騒音、悪臭周辺環境への影響の有無 ● 処理施設への車両の出入りの状況 ● 周辺住民とのコミュニケーション（現地の調査の際に、合わせて確認）

＊…**主な情報源**：経済産業省「排出事業者のための廃棄物・リサイクルガバナンスガイドライン」より。

6-10 優良産廃処理業者認定制度を利用しよう

　優良な産業廃棄物処理業者を育成していくため、2011年から、優良産廃処理業者認定制度がスタートしました。優良と認定された処理業者には、許可の有効期間が7年に伸びる等の現実的なメリットが付与されます。

▶▶ 優良産廃処理業者認定制度とは

　廃棄物処理法の規制や罰則は他に例を見ないほど強化されている中で、排出事業者からは、これだけ規制強化されても、選ぶべき産廃処理業者の情報が不足している、処理業者からは、努力している業者が評価され報われるようにすべき、などの要望がでていました。

　このような状況を背景とし、優良な処理業者の情報を公開する必要性が認識され、2005年4月1日から**産業廃棄物処理業者優良性評価制度**が導入され、「**産業廃棄物処理業者の優良性の判断に係る評価基準**」に適合した処理業者に関する情報が、**産業廃棄物処理事業振興財団**[*]のホームページ上で公開されました。すでに、多数の産業廃棄物処理業者が評価基準に適合し、優良な産業廃棄物処理業者という評価を受け、排出事業者などに向けて、広くネット上で公開されています。

　2010年の廃棄物処理法改正により、それまでの産業廃棄物処理業者優良性評価制度に変わる「優良産廃処理業者認定制度」が創設され、事業の透明性等の評価基準に適合した処理業者の許可期間が、従来の「5年」から「7年」に伸長されることになりました。

▶▶ 具体的な優良性の指標

　優良産廃処理業者認定制度は、①遵法性、②事業の透明性、③環境配慮の取組、④電子マニフェスト、⑤財務体質の健全性という、5つの指標に着目して、その処理業者の優良性を判断しています。

　遵法性とは、従前の許可の有効期間中に、廃棄物処理法などに基づく不利益処

[*] 産業廃棄物処理事業振興財団：http://www.sanpainet.or.jp/business05/yuryo02.html

6-10 優良産廃処理業者認定制度を利用しよう

分を受けていないかどうかです。

事業の透明性とは、過去6ヶ月以上前(既に優良認定を受けていた場合は、その認定を受けた日)から、インターネット上で、①会社情報(会社名、所在地、代表者など)、②許可内容、③施設および処理の状況(施設の概要、処理実績など)、④財務諸表(直前3年分の貸借対照表、損益計算書)、⑤処理料金の提示方法、⑥組織体制、⑦事業場公開の有無や頻度、を情報公開しているかどうかです。

環境配慮の取組とは、ISO14001*または環境省のエコアクション21*の認証を受けているかどうかです。

産業廃棄物処理業者優良性評価制度の全体スキーム*

	基準	概要参照
1	違法性	従前の産業廃棄物処理業の許可の有効期間(優良確認の場合は申請日前5年間)において特定不利益処分を受けていないこと。
2	事業の透明性	法人の基礎情報、取得した産業廃棄物処理業等の許可の内容、廃棄物処理施設の能力や維持管理状況、産業廃棄物の処理状況等の情報を、一定期間継続してインターネットを利用する方法により公表し、かつ、所定の頻度で更新していること。
3	環境配慮の取組	ISO14001、エコアクション21 等の認証制度による認証を受けていること。
4	電子マニフェスト	電子マニフェストシステムに加入しており、電子マニフェストが利用可能であること。
5	財務体質の健全性	①直前3年の各事業年度のうちいずれかの事業年度における自己資本比率が10パーセント以上であること。 ②直前3年の各事業年度における経常利益金額等の平均値が零を超えること。 ③産業廃棄物処理業等の実施に関連する税、社会保険料及び労働保険料について、滞納していないこと。
6	その他	(優良確認の場合のみ)5年以上継続して産業廃棄物処理業等の許可を受けていること。

*ISO14001:ISO(国際標準化機構)が策定した環境マネジメントシステムの認証規格。
*エコアクション21:中小事業者などでも容易に取り組める環境経営(環境マネジメント)システム。ISO14001規格をベースとしつつ、中小事業者でも取り組みやすい環境経営システムのあり方をガイドラインとして規定している。
*…スキーム:運用マニュアル「3. 優良基準」の「表3.1 優良基準の全体像」より。

6-11
委託先処理業者の危険な兆候とそれを見抜くための着眼点

不法投棄を行うような処理業者には、最初からいくつかのおかしな兆候があるものです。それを事前に見抜けるよう、排出事業者自身が現地確認を行い、危険な兆候を読み取る力を養うことが必要です。

▶▶ 処理業者に倒産されるリスク

　処理業者に予告なく倒産されてしまうと、産業廃棄物の処理が手つかずのまま放置されることになります。それによって、廃棄物の飛散や流出が発生した場合は、排出事業者が何らかの是正措置を取らざるを得なくなります。そのため、取引先の処理業者に倒産されることは、不法投棄に巻き込まれるのと同様のリスクを負うことになりますので、定期的に処理業者を訪問し、経営状況に危ない点がないかを確認することが必要です。

　倒産されてからでは間に合わないことが多いため、まずは委託先の経営状況に関する情報収集をすることが必要です。専門の信用調査会社に依頼することも可能ですが、処理企業の現場をみれば、ある程度危険な兆候を読み取ることが可能となります。具体的な着眼点は図に示してありますが、機械の故障などの原因がないのに、未処理の廃棄物が日々増え続けているというのは、かなり危険な兆候ですので、気になる処理企業がある場合は、定期的に様子を観察するようにしましょう。

▶▶ 処理業者に不法投棄されるリスク

　不法投棄は、倒産の場合と異なり、外部に対して悪影響を与えることを行為者自らが選択して行う犯罪です。そのため、ある日いきなり不法投棄を思い付いて実行されるわけではなく、ある程度の準備と覚悟が必要にもなります。不法投棄されるリスクに対処するためには、「いきなり不法投棄が実行されるわけではない」という点に注目し、最大限それを活用する必要があります。

　不法投棄は、経済的利益を上げるために行われる犯罪ですので、極力「細く長く、

6-11 委託先処理業者の危険な兆候とそれを見抜くための着眼点

そして目立たないよう」行われるのが常です。最近は、産業廃棄物処理業の許可をもった事業者よりも、**無許可業者によって不法投棄**されるケースの方が多いため、不法投棄されるリスクに対処するためには、処理業者のところに出入りしている業者の素性を確認する必要もあります。不法投棄の兆候に関する具体的な着眼点は、図のとおりです。そのほかにも、「従業員の服装や態度」が悪い処理企業は、会社が与える待遇に満足していない従業員が多いということであり、会社に損害を与えるために、従業員が勝手に不法投棄を行うリスクを抱えていることになります。

いずれの場合でも、処理業者がある日突然悪事を働く会社に変貌するのではなく、その前からそのような兆候が表れているはずですので、**委託契約を結ぶ際の現地確認**が根本的に重要な手順であるといえます。

現地確認の具体的着眼ポイント

●倒産リスク面
①廃棄物の保管量が明らかに多い（未処理の廃棄物が多い）
②「搬出量」と比べて、「搬入量」が異常に多い
③異常に安い処理料金を設定
④複数の処理業者から「あの会社の経営は相当危ないらしい」という評判が立つ

●不法投棄リスク面
①早朝や夜間に廃棄物が搬出されることが多い
②「産業廃棄物運搬車両」の表示がない車の出入りが増えた
③従業員が会社に対する不満を口にすることが多い

リサイクル偽装に注意！

　リサイクル偽装とは、実態は産業廃棄物の処理委託なのに、産業廃棄物のことを「リサイクル製品だ」と主張し、製品の売買という形式を装いながら、廃棄物処理法の適用を不正に免れることです。

　リサイクル偽装は、最近出始めた現象ではなく、豊島不法投棄事件のような、過去の大規模不法投棄事件でも、実態は不法投棄であるにもかかわらず、「産業廃棄物の処理ではなく、リサイクルなのだ」という理屈の根拠として使われていました。

　リサイクル偽装の本質は、リサイクルの体を装い、廃棄物を不法に処理することです。多くの場合、リサイクル偽装の当事者は、大っぴらに「土に埋めます」といえないので、土壌改良材や埋め戻し材などと称し、実態は産業廃棄物のリサイクル品をどうにかして土に埋めてしまおうと画策します。形式こそ売買を装っていますが、その実態は、産業廃棄物の違法処理であり、不法投棄でもあります。

　一般的には、当事者の間で、「これは廃棄物ではなく、価値のあるものだ」と認識された段階から、その物は廃棄物処理法の適用から外れ、廃棄物ではなくなってしまいます。その結果、産業廃棄物の処理基準も該当しなくなり、「リサイクル品をどう扱おうと、購入者の勝手」ということになります。しかし、それは、当事者が「これは価値のあるものだ」と本当に認識している場合だけで、どちらか一方が「やはり廃棄物としかいえないな」と思っている場合は、廃棄物として、処理基準に基づき処理をしなければなりません。

　リサイクル偽装の場合は、「これは価値のあるものだ」というのは表向きだけで、「これは廃棄物としかいえないな」というのが当事者の本音です。そうなると、そのリサイクル製品は、廃棄物として適切に処理しなければならないのですが、通常、リサイクル品の購入者は無許可業者であることがほとんどですので、偽リサイクル製品の販売者は、委託基準にも違反することになります。

　このように、リサイクル偽装は、廃棄物処理法の規定を骨抜きにする、悪質な違法行為です。リサイクル偽装の実態は不法投棄ですので、リサイクル偽装に関与していたことが発覚した場合、社会から厳しく非難されるのは必至です。

第7章

不法投棄の実態

　不法投棄は、水質汚濁や土壌汚染などの環境面での影響はもちろん、原状回復費用などの経済的損失をもたらすほか、周辺地域のコミュニティも破壊するなど、社会的な影響がきわめて大きい犯罪です。

　この章では、不法投棄される産業廃棄物の量、不法投棄実行者の正体、不法投棄を行う動機、過去の大規模な不法投棄事件など、不法投棄の実態をみていきましょう。

7-1 不法投棄の現状はどうなっているか

産業廃棄物の不法投棄の件数と、不法投棄によって捨てられた廃棄物の量は、減少傾向にあります。不法投棄事件が減少した原因は、不法投棄の厳罰化、マニフェストの義務化、行政の不法投棄対策の強化などが考えられます。

▶▶ 産業廃棄物の不法投棄量の推移

環境省の調査によると、1994年度以降、それぞれの年に新たに発覚した産業廃棄物の**不法投棄量**は、若干の変動はあるものの、おおむね約40万トン程度でした。

しかしながら、2003年度は、**岐阜市不法投棄事案**＊の56.7万トンの影響により、その年だけで74.5万トンの不法投棄が確認されました。また、2004年度も、沼津市事案の20.4万トンの影響で、全体では41.1万トンと、1つの不法投棄事件が、その年全体の不法投棄量を押し上げる結果となっています。

2012年度以降は、不法投棄量は目に見えて減少し、年間の不法投棄量が5万トンを下回る傾向にあります（2015年度のみ新規で14.7万トン（甲賀市事案）の不法投棄が発覚）。2016年度に不法投棄された廃棄物は2.7万トンでした。

▶▶ 産業廃棄物の不法投棄件数の推移

環境省の調査によると、2016年度に新たに確認された産業廃棄物の**不法投棄件数**は131件で、前年度より減少しました。不法投棄件数は、2011年度以降は年間200件以下と、過去と比較すると非常に少なくなっています。

▶▶ 不法投棄が減少した背景

不法投棄事件が減少した原因はいろいろなものが考えられますが、①不法投棄の厳罰化（5年以下の懲役、または1000万円以下の罰金）、②マニフェスト（産業廃棄物管理票）に代表される排出事業者責任の強化と意識の変化、③行政が不法投棄の撲滅に本腰を入れ始めたこと、などをあげることができます。

＊**岐阜市不法投棄事件**：7-6参照。

7-1 不法投棄の現状はどうなっているか

とくに最近、②と③の両面で、排出事業者に対する責任追及が活発に行われるようになりましたので、排出事業者としても、不法投棄のリスクに目を光らせておくことが必要です。

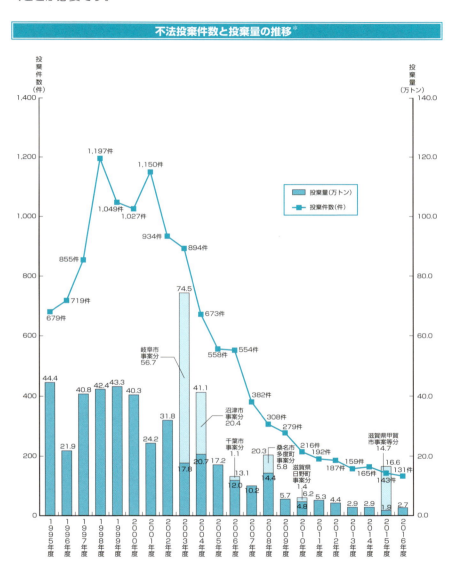

不法投棄件数と投棄量の推移*

＊…の推移：環境省「産業廃棄物の不法投棄等の状況（平成28年度）」より。

7-2 どんな廃棄物が不法投棄されているか

不法投棄された産業廃棄物を種類別にみると、がれき類、木くずなど建設工事などから発生した産業廃棄物の占める割合が高くなっています。

▶▶ 建設系廃棄物の割合が高い

　環境省が集計した、2016年度に不法投棄された産業廃棄物の内訳をみてみると、がれき類、木くずなど建設系廃棄物が投棄件数の78.6％、投棄量の54.7％を占めており、建設廃棄物の占める割合が高くなっています。

　不法投棄全体に占める建設系廃棄物の割合を、投棄件数と投棄量別にみると、投棄件数全体で131件のうち、建設系廃棄物の不法投棄が103件、不法投棄量全体で27,338トンのうち、建設系廃棄物の不法投棄が14,961トンとなっています。その内訳は、がれき類が60件で5,971トン、木くず（建設系）が17件で1,137トン、建設混合廃棄物が25件で7,748トン、廃プラスチック類（建設系）が1件で60トン、汚泥（建設系）が0件（筆者注：件数としては他の産業廃棄物の不法投棄件数にカウントされているものと思われます）で45トンとなっています。

　不法投棄された廃棄物を種類ごとにみてみると、2016年度は、がれき類が最も多く不法投棄されています。その次は建設混合廃棄物の25件で、7,748トンが不法投棄されています。

　3番目に多い木くずは18件で、1,182トンが不法投棄されています。その内訳は、建設系が17件で1,137トン、その他1件で45トンとなっています。

　4番目は廃プラスチック類となっており、8件で1,929トンが不法投棄されています。このように、不法投棄された廃棄物の半分以上は建設工事で発生したものです。2010年の廃棄物処理法改正ではその事実が重視され、建設廃棄物の適正処理を確保するために、建設工事を発注者から直接請け負った「元請業者」が、建設廃棄物の排出事業者として位置付けられました。

7-2 どんな廃棄物が不法投棄されているか

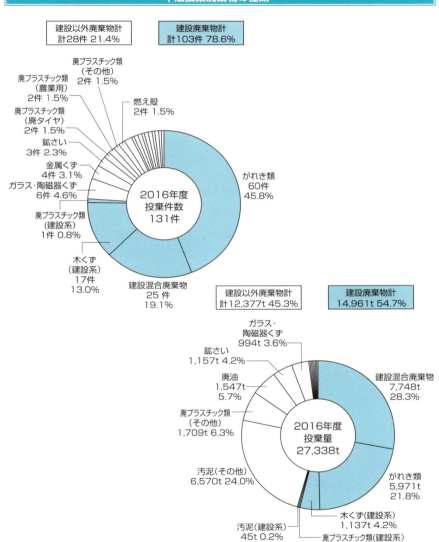

不法投棄廃棄物の種類

※割合については、四捨五入で計算して表記していることから合計値が合わない場合がある。

＊…の種類：環境省「産業廃棄物の不法投棄等の状況（平成28年度）」より。

7-3 不適正処理の実行者は誰か

　不適正処理件数全体のうち、排出事業者によるものが62.9%、許可業者によるものが6.1%、無許可業者によるものが1.2%を占めています。排出事業者による不適正処理は、1件当たり約450トンと決して少ないものではありません。

▶▶ 件数では排出事業者が6割強に

　環境省が集計した、2016年度の**不適正処理実行者**の内訳をみてみると、不適正処理件数全体132件のうち、**排出事業者**によるものが83件（62.9%）、**許可業者**によるものが8件（6.1%）、**無許可業者**によるものが5件（3.8%）となっています。

　また、不適正処理された廃棄物の量74,675トンのうち、**排出事業者**によるものが37,273トン（49.9%）、**許可業者**によるものが24,288トン（32.5%）、**無許可業者**によるものが約917トン(1.2%)となっています。

▶▶ 排出事業者による不適正処理量が多いことに注意が必要

　環境省の調査結果に基づき、不適正処理の実行者ごとに、1件あたりの不適正処理量を算出してみると、**排出事業者**による不適正処理が1件当たり449トン、**許可業者**による不適正処理が1件当たり3,036トン、**無許可業者**による不適正処理が183.4トンとなっています。

　許可業者による不適正処理量が突出して多く見えますが、許可業者による不適正処理件数自体はわずか8件である一方、日本国内の許可業者数は数万社にも上りますので、統計資料に載るような大規模な不適正処理を行った許可業者が業界全体に占める割合は非常に小さくなります。ただし、処理業者の選定に慎重さを欠き、悪質な業者と取引をしてしまうと、排出事業者は大規模な不適正処理事件に巻き込まれる可能性がある、とも言えます。

　また、排出事業者の1件あたり449トンという不適正処理量は決して小さいもの

7-3 不適正処理の実行者は誰か

ではありません。特に建設関連事業者の場合は、元請事業者が建設廃棄物の排出事業者として法律で規定されている以上、不法投棄に結びつきやすい「廃棄物の大量保管」や「無許可業者への処理委託」を絶対に行わないように、工事の施行の際から廃棄物処理法違反を起こさない態勢作りをしておく必要があります。

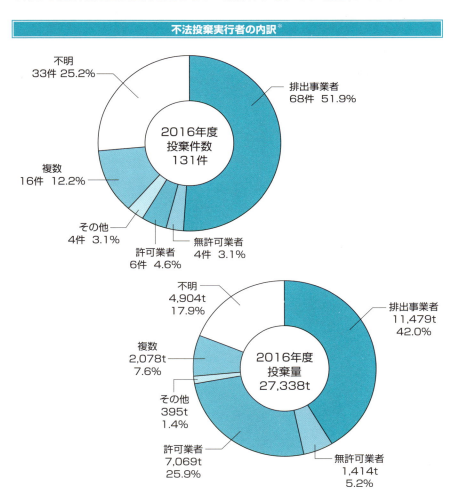

* …の内訳：環境省「産業廃棄物の不法投棄等の状況（平成28年度）」より。

7-4 不法投棄された廃棄物はどのように撤去されるのか

不法投棄された産業廃棄物は、いつでもすぐに全量が撤去されるわけではありません。2016年度に新たに確認された不法投棄は131件（27,338トン）のうち、4件を除く大部分の場所では「支障のおそれ無し」として、特段の対応は取られず監視や撤去指導の対象とされるに止まっています。

▶▶ 不法投棄された産業廃棄物の支障除去の状況

不法投棄された産業廃棄物が、悪臭を発したり、引火性を有したりするような場合には、すみやかにその支障を除去する必要があります。不法投棄された廃棄物の種類によっては、すぐに撤去しなくても支障がないものがあります（たとえば、がれきなど）が、それとは逆に、動植物性残さなどは、放置すると腐敗して悪臭を発するようになりますので、すぐに撤去・処分する必要があります。

環境省の調査によると、2016年度に新たに確認された不法投棄件数は131件でした。このうち、「**現に支障が生じている**」場所は1件も無く、「**支障のおそれの防止措置**」が取られた場所がわずかに1件だけでした。幸いにも、2016年度に発覚した不法投棄の大部分は、「**現時点では支障等はない**」現場であったため、実行者への撤去指導や追跡調査対象となった場所が50件、「**特段の対応なし**」が77件でした。

不法投棄された廃棄物の大部分は、そのままの状態でも支障が発生しないものばかりですが、ごくまれに大量の廃棄物が一挙に不法投棄されることがあり、その場合は、短期間で廃棄物を撤去し、迅速に支障が除去されることになります。

▶▶ 支障の除去の未着手の産業廃棄物

本来なら、不法投棄された廃棄物の全量を、不法投棄の実行者に撤去させるのが原則ですが、それには莫大なコストがかかりますので、不法投棄の実行者が撤去費用の全額を負担できなくなる場合がほとんどです。そのため、やむなく、ど

7-4 不法投棄された廃棄物はどのように撤去されるのか

うしても支障を除去しなければならない部分の撤去を優先させ、不法投棄の実行者への責任追及と支障の除去の折り合いを付けているのが現実です。そして、不法投棄の実行者が撤去費用の負担に耐えられず、破産などをしてしまった場合は、排出事業者に費用負担の矛先が向けられることになります。

不法投棄事案の支障などの状況および都道府県の対応状況＊（2016年度）

	投棄件数	割合	投棄料（t）	割合
現に支障が生じている	0	0.0%	0	0.0%
支障除去措置（実施済み、一部着手をふくむ）	0	0.0%	0	0.0%
措置完了[2]	0	0.0%	0	0.0%
現に支障のおそれがある	4	4.9%	1,400	3.8%
支障のおそれの防止措置（実施済み、一部着手をふくむ）	1	3.9%	20	1.0%
措置完了[2]	0	0.0%	0	0.0%
周辺環境モニタリング	0	0.0%	0	0.0%
定期的な立入検査	3	2.3%	1,380	5.0%
現時点での支障等はない	127	96.9%	25,938	94.6%
撤去指導、追跡調査　等	50	38.2%	15,928	58.3%
現時点では特段の対応なし	77	58.8%	10,010	36.6%
支障等調査中	0	0.0%	0	0.0%
支障を明確にするための確認調査	0	0.0%	0	0.0%
その他（定期的な立入検査等）	0	0.0%	0	0.0%
計[1]	131	100.0%	27,338	100.0%

※1 当該年度内に不法投棄事案として新たに判明したと報告された事案数。
※2 ※1の事案のうち当該年度内に措置が完了した事案であり、当該年度末時点での残存事案数には含まれていない。
※3 量及び割合については、四捨五入で計算して表記していることから合計値が合わない場合がある。

＊…**対応状況**：環境省「産業廃棄物の不法投棄等の状況（平成28年度）」より。

7-5 不法投棄された廃棄物はどのくらい残っているか

環境省の調査によると、日本全体で残存している不法投棄件数は2,604件、残存している廃棄物の量は1,585万トンもあります。その7割を、がれきなどの建設廃棄物が占めており、量にして、1,000万トンもの建設廃棄物が残存しています。

▶▶ 不法投棄された産業廃棄物の残存量

　生活環境に対して支障があるかないかにかかわらず、不法投棄された産業廃棄物はいずれ撤去されなければなりません。しかし、捨てられた廃棄物をすべて掘り起こし、再度完全に処理しようとすると、数億円以上のばく大な処理費が必要となってしまいます。そのため、どうしても撤去しなければならない廃棄物から撤去に着手し、撤去費用と撤去範囲の折り合いをつけているのが現実です。

　環境省の調査によると、2016年度末の時点で、**日本に残存している不法投棄の件数**は2,604件で、**残存する廃棄物の量**は1,585万トンにも上りました。2015年度の残存件数は2,646件で、残存する廃棄物の量は1,610万トンでしたので、2015年度から2016年度の1年間で、残存件数は42件減少し、残存廃棄物は25万トン減少しました。2016年度末時点で残存している不法投棄の残存件数2,604件のうち、**500トン未満の残存件数**が1,589件と、比較的小規模な事案が全体の61%を占めています。しかし、残存する廃棄物の量の内訳をみてみると、2016年度末時点の残存量1,585万トンのうち、**500トン未満の事案の残存量**は167,731トンと、全体のわずか1%に過ぎません。逆に、**10万トン以上の大規模な事案**は25件と、件数全体に占める割合は1.0%にしかすぎませんが、**残存量**は8,582,744トンで、残存量全体の54.1%に上ります。

▶▶ 残存する廃棄物は建設廃棄物が中心

　環境省の調査によると、2016年度末時点で残存している不法投棄廃棄物1,585万トンのうち、**がれき**、**廃プラスチック類**、**木くず**などの建設廃棄物が1,130万ト

7-5　不法投棄された廃棄物はどのくらい残っているか

ンも残存しており、全体の71.3%の量に上ります。残存件数でも、建設廃棄物が全体の7割以上を占めています。残存している量だけでも1,130万トンですから、不法投棄された量を考えると、いかに建設廃棄物の不法投棄が多いかがわかります。

また、建設廃棄物は放置してもすぐに腐敗するわけではないので、撤去が後回しにされがちです。その結果、長い年月の経過とともに、草が廃棄物を覆い隠してしまうため、実際には撤去されていないにもかかわらず、事案解決として処理されるケースもあります。

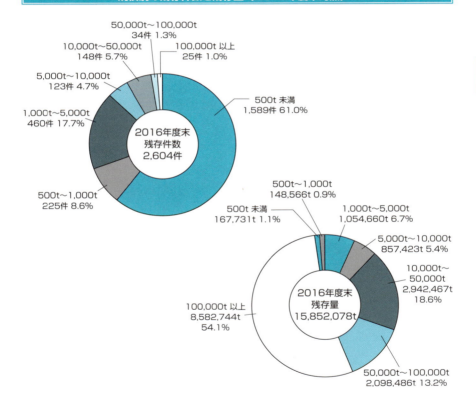

規模別の残存件数と残存量（2016年度末時点）

※残存件数及び残存量は、都道府県及び政令市が把握した1件当たりの残存量が10t以上（ただし特別管理産業廃棄物を含む事案はすべて）の産業廃棄物の不法投棄及び不適正処理事案のうち、2016年度末時点において支障除去等措置が完了した事案を除いたものを集計対象とした（以下同じ）。
※割合については、四捨五入で計算して表記していることから合計値が合わない場合がある。

＊…と残存量：環境省「産業廃棄物の不法投棄等の状況（平成28年度）」より。

7-6 過去の大規模不法投棄事件をみる

過去、大規模な不法投棄事件が発生するたびに、行政の対応の遅れが問題となり、それを改善するために廃棄物処理法が改正されてきました。ここでは、これまでに起きた大規模な不法投棄事件をみてみましょう。

▶▶ 豊島事件

豊島事件は、1983年ころから、産業廃棄物処理業者Aが、香川県の豊島にシュレッダーダストや廃油、汚泥などの産業廃棄物を搬入し、野外焼却や不法投棄を行い始めた事件です。1990年までの間に、重金属やダイオキシンなどを含んだ有害な廃棄物が、49.5万立方メートル、56万トンも不法投棄されました。

豊島に不法投棄された廃棄物は、豊島から近傍の直島に海上輸送し、直島に新たに建造された専用の廃棄物処理プラントで、安全な処理が進められました。

2017年3月末に豊島からの廃棄物の掘削・運搬が終了し、ひとまずの区切りが付けられましたが、その後2018年1月に、廃棄物撤去跡地から新たに汚泥85トンが見つかったため、その処理方法の検討が現在進められているところです。

▶▶ 青森・岩手不法投棄事件

青森・岩手不法投棄事件は、青森県と岩手県の県境で、産業廃棄物処理業者Bと産業廃棄物処理業者Cの2社が、2000年度までの間に、約88万立方メートルにも上る廃棄物を不法投棄した事件です。不法投棄された廃棄物は、燃えがら、汚泥、廃油、RDF（廃プラスチックなどの廃棄物を原料にした固形燃料）、汚染土壌などでした。この事件では、1万社を超える排出事業者がなんらかのかかわりをもっていたとされ、青森県と岩手県の双方から、報告徴収などのかたちで、厳しく責任追及がされています。結果的に、青森岩手両県から排出事業者に対して廃棄物の撤去費用の負担が厳格に求められ、責任追及の対象となったほとんどすべての排出事業者が、数百万円単位の撤去費用を負担させられました。

三重県四日市市不法投棄事件

　1981年、三重県四日市市に産業廃棄物処理業者Dが最終処分場を建設しました。D社が最終処分場を設置する以前から、その場所では複数の業者によって廃棄物の埋め立て処理が行われていた模様でしたが、D社が1994年に廃業したため、三重県が現地調査を行ったところ、実行者がわからない不法投棄まで含めると、約159万立方メートルに上る廃棄物の不法投棄が発覚した事件が**三重県四日市市不法投棄事件**です。

岐阜県岐阜市不法投棄事件

　岐阜県岐阜市不法投棄事件は、産業廃棄物処理業者Eによって、10数年間の間に約75万立方メートルの産業廃棄物が不法投棄された事件です。E社は、最終処分業の許可をもっていませんでした。不法投棄された産業廃棄物は、木くず、廃プラスチック類、がれきなど建設廃棄物が中心でした。

　この事件でも、多くの排出事業者に対して責任の追及が行われ、多額の廃棄物撤去費用の負担が求められました。

　岐阜市が行政代執行で合計約50万立方メートルの廃棄物撤去を行い、2012年度末に廃棄物撤去事業が終了しました。

過去の大規模不法投棄事件の概要[*]

	投棄時期など	投棄量	投棄廃棄物	備考
豊島 不法投棄事件	1983年～1990年	約56万立方メートル	シュレッダーダスト、廃油、汚泥など	支障除去等事業費約450億円
青森・岩手 不法投棄事件	～2000年8月頃	約88万立方メートル	燃えがら、汚泥、堆肥様物など	支障除去等事業費約655億円
三重県四日市市 不法投棄事件	～1994年	約159万立方メートル	廃プラスチック類、金属くず、がれき類など	産業廃棄物最終処分業者が届出容量を超える処分を行った事件
岐阜県岐阜市不法投棄事件	～2004年4月ころ	約75万立方メートル	建設系の木くず、廃プラスチック類など	産業廃棄物中間処理業者が処理施設隣接地に産業廃棄物を不法投棄した事件

＊…の概要：環境省資料より。

7-7 どうして不法投棄が行われるのか

過去には不法投棄の検挙件数が毎年400件以上発生した時期もありましたが、それと比べると、近年は検挙件数が減少しています。警察庁の調査では、排出事業者自らが不法投棄を行うケースが約8割もあり、動機は「処理費節減のため」が約6割でした。

▶▶ 廃棄物処理法違反は増加傾向にある

法務省の調査「**主な特別法犯検察庁新規受理人員の推移**」によると、2016年度の廃棄物処理法違反の**検察庁新規受理人員**は6,835人でした。廃棄物処理法違反の新規受理人員がもっとも多かったのは2007年度の8,879人でしたが、2008年度以降は減少傾向にありました。しかし、2015年度から2016年度にかけて2年連続で増加しており、2016年度は対前年度比で2.3%増加しています。

警察庁の調査では、2016年度の、**廃棄物処理法違反**の検挙件数は5,075件でした。そのうち**不法投棄**が2,629件で51.8%、**野外焼却**が2,395件で47.2%、**委託基準違反**その他が51件で1.0%となっています。委託基準違反その他の件数は、不法投棄や野外焼却と比べると少なく見えますが、警察によって実際に検挙されているという事実を重く受け止める必要があります。

▶▶ 不法投棄事件の検挙数

過去には不法投棄に対する検挙件数が毎年400件以上発生した時期もありましたが、その時期と比べると、近年は不法投棄の検挙件数が減少しています。

警察庁の調査によると、2016年度の**不法投棄検挙数**は242件でした。その内訳は、**排出源事業者**が197件で81.4%、**無許可業者**が29件で12.0%、**許可業者**が8件で3.3%でした。

不法投棄をした動機としては、「**処理費節減のため**」が156件で64.5%、「**処理場手続面倒**」が60件で24.8%、「**処分場が遠距離のため**」が1件で0.4%でした。

7-7 どうして不法投棄が行われるのか

　不法投棄をした動機を、実行者ごとに分析してみると、**排出源事業者**の場合は、「処理費節減のため」が120件で60.9％、「処理場手続面倒」が53件で26.9％でした。**許可業者**の場合は、「処理費節減のため」が7件で87.5％、「処理場手続面倒」が、1件で12.5％でした。**無許可業者**の場合は、「処理費節減のため」が22件で75.9％、「処理場手続面倒」が5件で17.2％でした。

　この結果から、処理業者による不法投棄は少ないことがよくわかります。しかし、どの実行者においても、「処理費節減のため」という理由が突出して多くなっています。

過去10年間における環境事犯の検挙事件数の推移＊

＊…の推移：警察庁生活安全局「平成29年における生活経済事犯の検挙状況等について」より。

7-8 不法投棄を防ぐさまざまな手立て

不法投棄を抑止するための手段は、①監視型、②シャットアウト型、③追跡型の3種類に分類できます。どの手段にも、メリットとデメリットの両方がありますので、不法投棄を抑止したい場所の状況に応じて、それぞれの手段が使われています。

▶▶ 監視型の抑止策

　不法投棄は社会的損失の大きい犯罪ですので、当事者の自主性のみに任せるのではなく、不法投棄が起きないよう、さまざまな抑止策が取られています。

　不法投棄を抑止するための手段は、主に次の3つに分類することができます。

　まず、最初は、行政の**不法投棄監視パトロール**などに代表される、**監視型**の抑止策です。従来、監視型とは、実際に人間が監視を行う人的なパトロールが中心でしたが、最近は監視カメラを設置すれば、人が実際に動かなくても監視活動ができるようになりました。

　監視型の欠点は、不法投棄が起こった、あるいは起こりつつあるときにしか効力を発揮しない点です。どうしても、人件費やメンテナンス費用がかさんでしまいます。最近では、住民からの不法投棄に関する通報を専用の電話回線で受け付ける自治体も増えてきました。考えようによっては、官の目の届かないところを、住民の力で補う、官民の協働作業の一環ともいえます。

　また、一部の地方自治体においては、不法投棄現場の監視用にドローンを導入し、人が立ち入りにくい場所を上空から撮影することで、現場の状況の簡易・迅速な把握に役立てています。

▶▶ シャットアウト型の抑止策

　次は、**ネットフェンス**に代表される**シャットアウト型**です。ネットフェンスなどを設置すると、それが設置された場所では不法投棄をすることができなくなりますので、大きな抑止効果があります。しかし、フェンスを一度設置してしまうと、美観面で周囲に悪影響を及ぼし、フェンスによって人の死角が生じ、不法投棄以外の犯

罪が増加する可能性があります。そのため、ネットフェンスの設置は、「どうしても投棄されたくない場所」などに限定し、ピンポイント的に使用することが重要です。

追跡型の抑止策

3つめの抑止手段として、**追跡型**があります。追跡型は、最近研究が進みつつある技術で、**ICチップ**や、運搬車両に搭載する**GPS*システム**などが、そのさきがけとなっています。とくに、ICチップは、それを廃棄物に埋め込んでおくと、廃棄物がどこにあるかをリアルタイムで把握することが可能になりました。

しかし、まだまだ技術的にも、コスト的にも、すべての産業廃棄物を追跡型の手段によって管理することは不可能です。そのため、ICチップなどの利用は、感染性廃棄物など一部の産業廃棄物に限られているのが現状です。

このように、不法放棄を防ぐ手段にはさまざまな方法がありますが、どの手段にも、メリットとデメリットの両方があります。そのため、不法投棄を防ぎたい現場の状況に応じて、それぞれの手法が選択あるいは併用されています。

人工衛星を活用した不法投棄の監視

最近では、人工衛星から撮影した画像を利用し、不法投棄の監視に役立てている地方自治体が増えています。人工衛星から撮影された画像によって、不法投棄の痕跡が鮮明に判別するわけではないため、実際に人の目で現地確認をして、状況の確認をする必要がありますが、道路の脇や山間部など、人の目が届きにくい部分を広く確認するのには適しています。予算と人員が限られている地方自治体が多いため、人工衛星の画像活用は今後ますます活発化すると考えられます。

不法投棄抑止手段の比較

	監視型	シャットアウト型	追跡型
抑止力	○	◎	○
コスト	高い	低い	高い
コストの負担者	行政	行政または土地管理者	委託者または受託者
周囲の景観に与える影響	小さい	大きい	なし
望ましい使用場面	不法投棄が進行中の場所	どうしても捨ててほしくない場所	委託者、または受託者が積極的にコストを負担できる場合

＊**GPS**：Global Positioning Systemの略。全地球測位システム。

罰則をどう考えるか

　罰則は、法律で「これだけは守りなさい」と定められた必要最低限のルールです。
　そのため、「刑罰が適用されるかどうか」という意味では、罰則に書かれていることがすべてです。
　しかし、これはあくまでも「誰もが守るべき必要最低限のルール」ですので、「罰則に書かれていないことなら、何をしても許される」わけではありません。
　現に、排出事業者は完璧に廃棄物処理法を遵守していたつもりでも、委託先で違法な処理が行われたようなときは、排出事業者に対して産業廃棄物の撤去などが求められるというケースが現れてきています。
　こういった従来の「法令遵守」のみに価値を置くやり方では、廃棄物処理法が求める排出事業者責任に対応できなくなってきました。
　そのためにも、罰則を必要以上に恐れるのではなく、あくまでも「最低限のルール」としてとらえ、罰則を通じて廃棄物処理法の構造を読み解き、社会が求める責任と自社の産業廃棄物処理方針を照らし合わせてみることが重要です。
　廃棄物処理法違反を起こさないためには、まず、「許認可を適切に取得する」ことが重要です。これは、産業廃棄物処理業者のみに当てはまる話ではなく、排出事業者が、産業廃棄物処理施設を設置する際にも当てはまるポイントです。
　第二に、産業廃棄物の処理を委託する場合は、必ず委託契約書を作成し、それを契約終了後5年間が経過するまで、保存しておくことが必要です。
　第三に、排出事業者は、産業廃棄物を処理業者に引き渡す際、マニフェストを必ず発行するようにします。マニフェストを発行した後も、廃棄物処理法で定める期間内に、それぞれの処理業者からマニフェストが返送されてきたかどうかを確認し、マニフェストの返送後5年間保存しておきます。
　第四に、産業廃棄物処理業者や、産業廃棄物処理施設を設置している排出事業者は、産業廃棄物の処理に関する帳簿を適切に管理しておかなければなりません。行政が立入検査に来たときは、産業廃棄物処理施設の維持管理記録などとともに、帳簿やマニフェストを開示することになります。
　第五に、産業廃棄物処理業者の場合は、産業廃棄物の処理基準に則った処理を当然とし、再委託や名義貸しを絶対に行わないという決意が重要です。それと同時に、両罰規定の存在がありますので、社員教育を徹底する必要もあります。

第8章

数字でみる産業廃棄物処理業界

　日本の産業廃棄物処理業界全体の構成を許可件数によって分類すると、収集運搬業（積み替え保管なし）が89.1%と最も多く、全体の9割近くを占めます。そのほか、中間処理業が6.0%、収集運搬業（積み替え保管あり）が4.5%、最終処分業が0.2%、中間処理業と最終処分業の両方の許可件数の割合が0.3%となっています。

　この章では、産業廃棄物処理業界の現状についてみていきましょう。

8-1 産業廃棄物処理業の許可件数は減少傾向

1998年度以降、産業廃棄物処理業の許可件数が急激に増加してきましたが、2010年度以降は許可件数が毎年減少しています。

▶▶ 産業廃棄物処理業の許可の状況

環境省の調査によると、2016年4月1日現在での、**産業廃棄物処理業の許可件数**は、218,136件でした。前年度と比べると、1,450件の減少となります。産業廃棄物処理業の許可件数とは、産業廃棄物収集運搬業や、産業廃棄物処分業に関するすべての許可を合計した件数のことです。すべての許可とは、新しく許可を取得する際の**新規許可**、許可事項の内容を変更する際の**変更許可**、許可の更新を申請する際の**更新許可**の3種類の許可のことです。

2015年度の許可件数の内訳は、**特別管理産業廃棄物処理業**が19,857件で9.1%、**産業廃棄物処理業**が198,279件で90.9%でした。

環境省の調査結果をみると、2010年度以降、産業廃棄物処理業の許可件数が減少傾向にあることがわかります。とくに、法改正により産業廃棄物収集運搬業の許可が事実上都道府県に一本化された2011年度以降は、それ以前と比べると大幅に許可件数が減少しています。

産業廃棄物処理業の事業別に許可件数の内訳をみてみると、**収集運搬業**が185,037件で、産業廃棄物処理業全体の93.3%を占めています。収集運搬業のうち、**積み替えあり***が8,540件で、収集運搬業の4.6%、**積み替えなし***が176,497件で収集運搬業の95.4%となっています。処分業は13,242件で、産業廃棄物処理業全体の6.7%です。**処分業**のうち、**中間処理のみ**が12,378件で処分業の93.5%、**最終処分のみ**が294件で処分業の2.2%、**中間処理と最終処分**が570件で処分業の4.3%となっています。

特別管理産業廃棄物処理業の事業別に許可件数の内訳をみてみると、**収集運搬業**が19,051件で、特別管理産業廃棄物処理業の95.9%を占めています。収集

---

* **積み替えあり**：産業廃棄物を所定の場所に持ち帰り、それを別の車両に積み替えたり、一定の期間保管すること。「積替え・保管」と呼ぶ場合もあります。

* **積み替えなし**：積替え・保管をすることなく、排出事業者のところから、中間処理業者などのところに、産業廃棄物を直送すること。

8-1 産業廃棄物処理業の許可件数は減少傾向

運搬業のうち、**積み替えあり**が1,211件で6.4％、**積み替えなし**が17,840件で93.6％となっています。**処分業**は806件で、特別管理産業廃棄物処理業の4.1％を占めています。処分業のうち、**中間処理のみ**が728件で90.3％、**最終処分のみ**が56件で6.9％、**中間処理と最終処分**が22件で2.7％となっています。

産業廃棄物処理業の廃止の状況

環境省の調査によると、2015年度の**産業廃棄物処理業の廃止届出件数**は、1,682件で、前年度より362件減少しています。廃止届出の内訳は、**産業廃棄物処理業**が1,522件、**特別管理産業廃棄物処理業**が160件でした。

なお、**廃止**とは、産業廃棄物処理業を自主的に廃業し、それを行政に届け出ることをいいます。

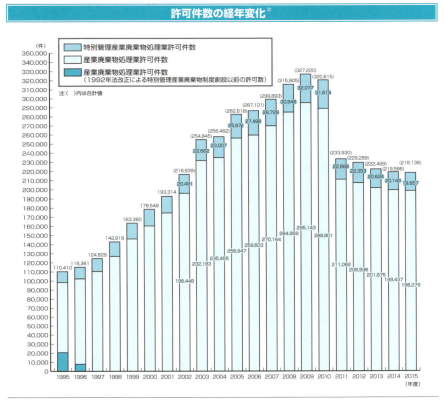

許可件数の経年変化＊

＊…の経年変化：環境省「産業廃棄物処理施設の設置、産業廃棄物処理業の許可等に関する状況（平成27年度実績）」より。

8-2 許可取り消し件数の推移

産業廃棄物処理業許可の取り消し件数は2009年度に過去最大の1,095件を記録しましたが、2010年度の廃棄物処理法改正により、産業廃棄物収集運搬業の許可が事実上都道府県に一本化されたことに伴い、2011年度以降は毎年約300件程度に減少しました。

▶▶ 取り消し処分件数の推移

取り消し処分は、産業廃棄物処理業許可の取り消し、特別管理産業廃棄物処理業許可の取り消し、産業廃棄物処理施設許可の取り消しの3つに分かれます。

環境省の調査によると、2009年度には全体で1,249件もあった取り消し処分件数が、その6年後の、2015年度には330件にまで減少しています。その背景としては、2010年度の法改正により、2011年度以降は産業廃棄物収集運搬業の許可が事実上都道府県に一本化されたため、取り消し処分の対象となる許可自体が激減したことが挙げられます。

2015年度の許可取り消し件数の内訳は、**産業廃棄物処理業許可の取り消し**が288件、**特別管理産業廃棄物処理業許可の取り消し**が10件、**産業廃棄物処理施設許可の取り消し**が27件となっています。

産業廃棄物処理業許可の取り消し件数の推移をみると、2000年度には71件だったものが、2001年度は239件、2002年度は312件、2003年度は607件、2004年度は884件と、2001年度以降、4年連続で増え続けていました。その後、2009年度に1,095件という最大の件数を記録しましたが、翌年の2010年度は前年度よりも330件減少し765件でした。2011年以降は、平均すると、毎年約300件程度の取り消し処分が行われています。

産業廃棄物処理施設が許可の取り消し件数は2008年に48件、特別管理産業廃棄物処理業許可の取り消し件数は2009年に107件と、それぞれ最大の件数を記録しましたが、2011年度以降はともにピーク時の半分以下の件数で推移しています。

8-2 許可取り消し件数の推移

許可の取り消し件数が増減した背景

2000年度から2009年度にかけて許可の取り消し件数が増加した背景としては、以下の2つの理由が考えられます。

第一は、2000年度に廃棄物処理法の改正が行われ、暴力団関係者は、産業廃棄物処理業を営めなくなったことです。廃棄物処理法の改正により、暴力団関係者は、廃棄物処理法上の欠格者となり、産業廃棄物処理業からの除外が本格化しました。

第二は、2003年度に廃棄物処理法が改正され、産業廃棄物処理業者や産業廃棄物処理施設設置者が欠格要件に該当した場合、従来は許可を「取り消すことができる」であったものが、改正により「取り消さなければならない」と、必ず許可が取り消されることになったためです。

その後2010年度の廃棄物処理法改正により、産業廃棄物収集運搬業の許可が事実上都道府県に一本化されたことに伴い、取り消しの対象となる許可件数自体が減少したため、許可取り消し件数が減少したことは先述したとおりです。

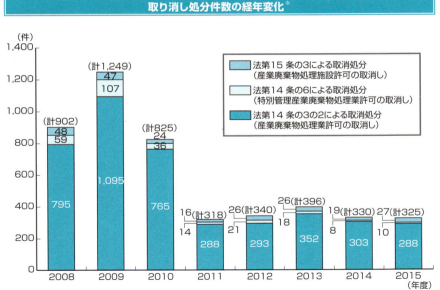

取り消し処分件数の経年変化

注)1. 2015年度の数値は、都道府県および政令市に対し2015年4月から2016年3月末までの実績を調査した結果である。

＊…の経年変化：環境省「産業廃棄物処理施設の設置、産業廃棄物処理業の許可等に関する状況(平成27年度実績)」より。

8-3 他産業に比べて高い労働災害の発生率

産業廃棄物処理業は、他の産業と比べて、労働災害の発生率が高い産業です。その原因としては、産業廃棄物自体の扱いにくさや、取り扱いに注意が必要な機械・設備が常時稼動していることなどをあげることができます。

▶▶ 突出した事故発生率

廃棄物処理業では、他の産業と比べて、労働災害の発生率が高くなっています。厚生労働省の労働災害動向調査によると、労働災害発生の頻度を表す**100万延べ労働時間当たりの労働災害による死傷者数（度数率）**は、2017年の全産業平均が1.66なのに対し、廃棄物処理業（一般廃棄物処理業と産業廃棄物処理業の合計）の場合は、8.63と高くなっています。労働災害の重さの程度を表す**1,000延べ実労働時間当たりの労働損失日数（強度率）**は、2017年の全産業平均が0.09なのに対し、廃棄物処理業の場合は0.42と全産業平均よりも高くなっています。

また、「労働者死傷病報告」による業種別・事故の型別死傷災害発生状況[*]によると、**産業廃棄物処理業で休業4日以上の労働災害に遭った死傷者**は、2016年は1,320人でした。死傷者の内訳を事故の型別にみてみると、1位が**墜落、転落**で279人、2位が**はさまれ、巻き込まれ**で263人、3位が**転倒**で203人と、上位の3つだけで、全体の56.4%を占めています。

労働災害の原因別にみてみると、「労働者死傷病報告」による業種別・起因物別死傷災害発生状況[*]によると、1位が**動力運搬機**で400人、2位が**仮設物、建築物、構築物**などで216人、3位が**材料**で139人と、上位の3つだけで、全体の49.6%を占めています。

▶▶ 産業廃棄物処理業で事故の発生が多い理由

産業廃棄物処理業では、なぜ、事故の発生が多いのでしょうか。まず、産業廃棄物自体の危険性をあげなければなりません。産業廃棄物は、発生の仕方や廃棄

[*]…業種別・事故の型別死傷災害発生状況：厚生労働省ホームページ
(http://anzeninfo.mhlw.go.jp/user/anzen/tok/anst00_h28.html) より。
[*]…業種別・起因物別死傷災害発生状況：厚生労働省ホームページ
(http://anzeninfo.mhlw.go.jp/user/anzen/tok/anst00_h28.html) より。

されるときの状態が多種多様であるため、常に慎重に取り扱う必要があります。保管しているときに、自然発火を起こしたり、有毒ガスが発生したりする場合がよくありますので、保管にも注意が必要です。

また、産業廃棄物処理の現場では、産業廃棄物処理施設をはじめとする、さまざまな機械・設備が存在しますので、一瞬の気の緩みが、重大な労働災害に発展することもあります。

▶▶ 産業廃棄物処理業界における労働災害への取り組み

労働災害の発生率の高さを、産業廃棄物処理業界が座視しているわけではありません。全国産業資源循環連合会をはじめとした業界団体が、加盟する企業に対し、労働災害の防止に関する普及啓発活動を活発に行っています。

一部の先進的な廃棄物処理企業の中には、**OSHMS**[*]（**労働安全衛生マネジメントシステム**）を実施し、企業全体で労働災害の防止に努めている企業があります。常に危険と隣り合わせの産業だからこそ、優良な廃棄物処理企業であるほど、熱心に労働災害の防止に努めているのも事実です。

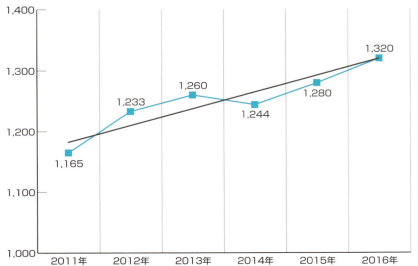

産業廃棄物処理業の災害発生件数の推移[*]

- 2011年 1,165
- 2012年 1,233
- 2013年 1,260
- 2014年 1,244
- 2015年 1,280
- 2016年 1,320

[*] **OSHMS**：Occupational Safety & Health Management Systemの略。
[*] **…の推移**：中央労働災害防止協会ホームページ　労働災害分析データ　産業廃棄物
(http://www.jisha.or.jp/info/bunsekidata/pdf/15020.pdf) より。

8-4 最終処分量の減少で残存年数は改善

最終処分場があと何年もつのかを示す最終処分場の残存年数は、全国で16.6年、首都圏で4.8年、近畿圏で20.5年です。最終処分量の減少に伴い、年々、残存年数が改善していきつつあります。

▶▶ 最終処分場の残存容量

残存容量とは、最終処分場の全容量のうち、すでに埋め立て処分に使った部分を除いた、まだ埋め立て可能な残りの部分の容量のことです。

環境省の調査によると、2016年4月1日現在の、日本全体での**最終処分場の残存容量**は、約1億6,736万立方メートルでした。これは、東京ドーム（約124万立方メートル）約135杯分の容量になります。2016年4月1日現在の残存容量は、前年度より約131万立方メートル増加していました。

最終処分場の種類ごとに、残存容量の内訳をみてみると、**遮断型処分場**＊が3.1万立方メートル、**安定型処分場**＊が6,087万立方メートル、**管理型処分場**＊が10,645立方メートルでした。

▶▶ 最終処分場の残存年数

最終処分場の残存容量を最終処分量（最終処分される産業廃棄物の量）で割ると、最終処分場があと何年もつのかを示す、最終処分場の**残存年数**を算出することができます。

環境省の調査によると、2015年度の、日本全体の最終処分量は1,009万トンでしたので、**残存年数**は16.6年となりました。前年度の2014年度は、16.0年でしたので、若干の改善がみられます。

しかし、**首都圏**に限れば、残存容量1,532万立方メートルに対し、最終処分量が320万立方メートルで、残存年数はわずか4.8年しかありません。**近畿圏**の場合は、残存容量2,825万立方メートルに対し、最終処分量が138万立方メートル

＊**遮断型処分場**：有害な燃え殻、汚泥などを処分できる最終処分場。
＊**安定型処分場**：廃プラスチック類、ゴムくず、金属くず、ガラスくず、コンクリートくず、陶磁器くず、がれき類などのみを処分できる最終処分場。
＊**管理型処分場**：遮断型処分場でしか処分できないもの以外の産業廃棄物を処分できる最終処分場。

8-4 最終処分量の減少で残存年数は改善

で、残存年数は20.5年となっており、前年度の17.2年からさらに改善が進みました。

最終処分場をめぐる情勢の変化

環境省の調査によると、2015年度の**最終処分量**は1,009万トンでした。この数値を、2010年度の1,426万トンと比較すると、最終処分量は、5年間で約3割も減少したことがわかります。

一方、**残存容量**については、2010年度の1億9,453万立方メートルをピークに少しずつ減少し続けていますが、最終処分量も減少し続けているため、残余年数は年々長期化しています。

産業廃棄物の最終処分場の残存容量と残存年数の推移*

＊…の推移：環境省「産業廃棄物処理施設の設置、産業廃棄物処理業の許可等に関する状況（平成27年度実績）」より。

8-5 処理方法は埋め立て、焼却からリサイクルへ

産業廃棄物の処理方法は、埋め立てと焼却が減る一方で、リサイクルが急激に進展しています。産業廃棄物の最終処分量、焼却施設数とも減少し、産業廃棄物のリサイクル率は、2015年度には53％に上昇しています。

▶▶ 最終処分量、焼却施設は減少

最近の傾向としては、日本における産業廃棄物の発生量は3億8,000万トンから3億9,000万トンの間で推移していますが、それを処理する方法は変化し続けています。

従来の処理は、**焼却**または**埋め立て**という処理が中心でした。燃やせるものは焼却処分し、燃やせないものはそのまま埋め立てという、できるだけ手間をかけない方法でした。その当時は、中間処理の手間をかけず、直接最終処分場に持ち込まれる産業廃棄物も多かったため、最終処分場は慢性的に不足していました。そして、最終処分場に持ち込めない産業廃棄物が、不法投棄されてしまうこともありました。

しかし、最近では、できるだけ**中間処理**をかける、あるいはできるだけ**再利用する**といった方向に処理方法が変わりつつあります。たとえば、環境省の調査では、1991年度には、9,100万トンもあった最終処分量は、2015年度には、1,009万トンまで減少しています。

また、**焼却施設**については、ピーク時の1997年度には、6,482件もあったのが、2015年度には3,058件まで減少していますので、**脱焼却**と**脱埋め立て**の流れが加速しているのは確かです。

▶▶ リサイクルが急激に進展

焼却と埋め立てが減ったのは、産業廃棄物のリサイクルが進んだためです。旧厚生省と環境省の調査によると、**産業廃棄物のリサイクル量**は、1996年度には1

8-5 処理方法は埋め立て、焼却からリサイクルへ

億5,000万トン程度であったものが、2015年度には2億0,756万トンと、約20年の間に大幅に増大しています。

産業廃棄物のリサイクル率（産業廃棄物の発生量に対するリサイクル量の割合）も、1996年度の37%から、2015年度は53%に上昇していますので、リサイクルが急激に進展していることがわかります。

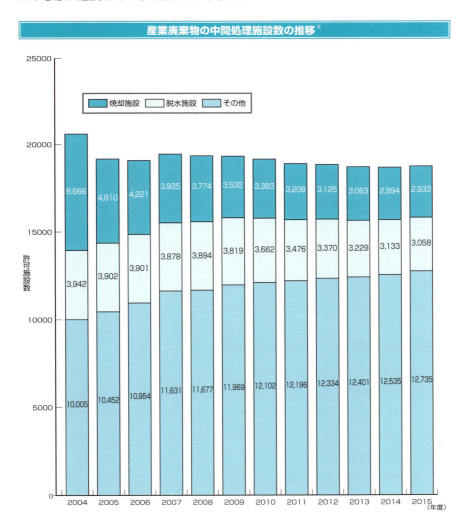

産業廃棄物の中間処理施設数の推移＊

＊…の推移：環境省「産業廃棄物処理施設の設置、産業廃棄物処理業の許可等に関する状況（平成27年度実績）」より。

8-6 地球温暖化対策への取り組み

廃棄物分野は、温室効果ガスの発生が多い分野となっているため、今すぐ温室効果ガスの排出抑制に取組む必要があります。廃棄物処理法でも、2010年の法律改正により、「熱回収施設設置者認定制度」が創設されるなど、事業者の自主的な取り組みが求められています。

▶▶ 廃棄物分野での温室効果ガスの発生状況

　二酸化炭素をはじめとする温室効果ガスの抑制は、全地球的な規模で取組むべき課題となっています。廃棄物処理面でも、温室効果ガスを抑制していくことが喫緊の課題となっています。環境省の調査によると、2013年度の廃棄物分野からの**温室効果ガス排出量**は、3,705万トン（CO_2換算）で、2005年度の温室効果ガス排出量と比較すると、11.8％減となります。

　2016年に閣議決定された「地球温暖化対策計画」では、2030年度に、2013年度比で温室効果ガスを26％削減することが中期目標とされていますので、廃棄物分野においても、このまま、そしてこれまで以上に、温室効果ガス削減の取り組みを進めていく必要があります。

▶▶ 廃棄物処理業界での熱回収の状況

　温室効果ガスの発生を抑制するための手法はいくつかありますが、廃棄物分野の場合は、「**廃棄物の焼却**」をすべて停止するわけにはいかないため、廃棄物を焼却した時に発生する熱やエネルギーを有効活用することが必要です。実際には、熱源としての利用や、発電用のエネルギーとして利用することで、廃棄物の焼却をより有効に行うようにしています。

　しかしながら、現状の産業廃棄物処理業界においては、これらの焼却熱の有効利用が満足に行われているとはいえない状況です。環境省の調査によると、2014年度末の時点で日本国内に設置されていた産業廃棄物焼却炉1,329施設のうち、

焼却余熱を発電に利用している炉は151施設のみ（11.3％）でした。また、1時間当たり2トン以上の産業廃棄物を焼却する比較的大規模な処理能力を持つ焼却炉においては、焼却余熱を発電以外の熱源として活用しているケースが多く、それらの施設の半分以上が焼却余熱を何らかの形で有効活用しています。逆に、1時間当たり2トン未満の処理能力しかない焼却炉の場合は、焼却余熱がほとんど、あるいはまったく活用されていない施設の方が多くなっています。

熱回収施設設置者認定制度の創設

　廃棄物の焼却面で地球温暖化対策が進んでいない状況に対し、2010年の廃棄物処理法改正では、「**熱回収施設設置者認定制度**」が創設され、都道府県が熱回収を有効に行っている焼却施設を認定する仕組みができました。環境省の公表によると、2015年12月1日の時点で廃棄物熱回収施設設置者に認定されている事業者は、全国で16社となります。

　「熱回収施設設置者認定制度」では、1年間を通して10％以上の熱回収率があること、が最低限の条件となっており、それをクリアするためにはかなりの設備投資が必要となるため、比較的大規模な産業廃棄物処理業者しか認定を取得できていません。

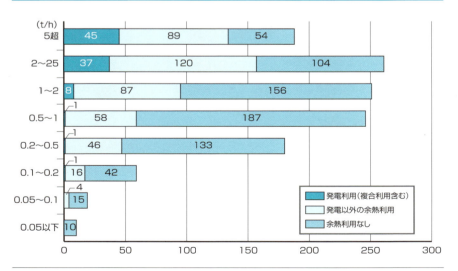

稼働中の焼却施設の処理能力別余熱利用状況*

＊…状況：「廃棄物処理制度専門委員会」資料の「廃棄物発電（産業廃棄物焼却施設）の導入実績」中「平成26年度の稼働中の焼却施設の処理能力別余熱利用状況」より。

排出事業者に望まれていること

　排出事業者に望まれていることは、産業廃棄物の適切な処理委託だけではありません。排出事業者には、「産業廃棄物の排出量の抑制」も望まれています。

　「建設リサイクル法」などの個別リサイクル法は、特定の廃棄物の発生を抑制し、リサイクルを進めるための法律でした。しかし、「容器リサイクル法」の対象であるペットボトルなどは、同法の施行に伴い、リサイクル量が増加している反面、排出量も増加しています。これではなんのためのリサイクルなのかわかりません。排出事業者に望まれていることは、リサイクルを免罪符として生産活動を活発化させることではなく、無駄な廃棄物の発生を抑制し、環境に与える負荷をできるだけ小さくしていくことです。

　そのためには、製造工程の中に無駄がないかをチェックすることはもとより、廃棄物の徹底した分別なども必要です。分別した廃棄物のうち、資源として再利用できるものがあるときは、その売却先などを確保しておくことも重要です。そのほか、製品のメーカーなどの場合は、設計の段階から、廃棄処分やリサイクルのしやすさに配慮しておくことが大切です。その具体例としては、自動車メーカーや家電メーカーの取り組みが参考になります。「自動車リサイクル法」や「家電リサイクル法」の施行後、メーカー各社は、製品の設計を見直すことで、部品の取り外しを簡単にするなど、リサイクルをしやすい設計に変えることに成功しています。

　理想をいえば、排出事業者自らが産業廃棄物の処理をすればよいのですが、中間処理などを排出事業者自身が行うことは困難です。中間処理は無理としても、廃棄物の分別を徹底し、処理すべき産業廃棄物の量を減らすだけでも、運搬や処理の効率は大幅に高まりますし、何より処理費用の低減に役立ちます。廃棄物の分別や資源としての再利用を図ることは、どの排出事業者にとっても、すぐに実行できる取り組みですので、まずはできることから始めてみてはいかがでしょうか。

第9章

廃棄物処理とリサイクルの法律

　環境への負荷の少ない持続的発展が可能な社会を構築するため、日本の環境保全分野についての基本的施策の方向を示す環境基本法が、1993年に制定されました。また、環境基本法の基本理念にのっとり、資源消費や環境負荷の少ない「循環型社会」を形成するため、廃棄物処理やリサイクルを推進するための基本方針を定めた循環型社会基本法が2001年に施行されました。

　この循環型社会基本法に基づき，廃棄物の適正処理に関する法律として廃棄物処理法，リサイクルの推進に関する法律として資源有効利用促進法が制定されています。

　この章では、産業廃棄物の処理やリサイクルに密接な関連がある法律についてみていきましょう。

9-1 環境基本法と循環型社会形成推進基本法

環境基本法は、環境保全の基本理念や施策策定の指針などを定めた基本的な法律です。循環型社会形成推進基本法は、資源消費や環境負荷の少ない「循環型社会」の構築が目的で、廃棄物処理やリサイクルを推進するための基本方針を定めています。

▶▶ 環境法令の憲法

　廃棄物処理法とその他のリサイクル関連法の最上位に位置する存在として、**環境基本法**があります。環境基本法は、「**環境法令の憲法**」ともいうべき存在で、日本の環境政策の基本方針を定めています。

　環境基本法の基本理念にのっとり、資源消費や環境負荷の少ない「**循環型社会**」を形成していくための施策の基本事項を定めたのが、**循環型社会形成推進基本法**です。循環型社会形成推進基本法では、廃棄物の利用や処分をするときには、①発生抑制、②再使用、③再生利用、④熱回収、⑤適正処分の順に利用または処分方法を行うべきという基本原則が示されています。

▶▶ 廃棄物処理法とリサイクル関連法

　廃棄物処理法とそのほかのリサイクル関連法令は、環境基本法と循環型社会形成推進基本法の2法を基礎としています。

　廃棄物処理法は、「**公害国会**」とも呼ばれた1970年の臨時国会で制定された法律です。この国会では、廃棄物処理法のほかにも、水質汚濁防止法や海洋汚染防止法などの、公害対策を主眼とした法律が数々制定されています。廃棄物処理法も、元々は公害対策を目的に制定され、国民の生活環境を保全していくために、適切な廃棄物処理システムを確立することをめざしていました。

　一般廃棄物や産業廃棄物といった廃棄物の区別に応じて、それぞれの処理責任者が定められるなど、廃棄物処理システムが早期に確立されたことによって、公害問題が解決していく一方で、不法投棄や資源の枯渇といった、新たな問題が発

9-1 環境基本法と循環型社会形成推進基本法

生してきました。そのような廃棄物処理面での新しい課題に対処していくため、廃棄物処理法以外の**資源有効利用促進法**などのリサイクル関連法なども整備され、廃棄物処理法と一体的に運用されています。

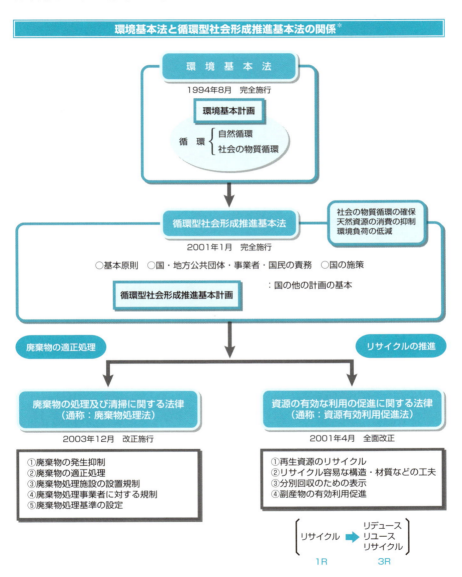

＊…関係：環境省「平成19年版環境・循環型社会白書」より。

9-2 廃棄物処理法

廃棄物の処理及び清掃に関する法律（廃棄物処理法）は、廃棄物の定義や処理責任の所在、処理方法・処理施設・処理業の基準などを定めた法律です。廃棄物処理法は1970年に制定され、これまでに数回大きな改正が行われました。

▶▶ 廃棄物処理法の制定

「**廃棄物の処理及び清掃に関する法律（廃棄物処理法）**」は、廃棄物の定義や処理責任の所在、処理方法・処理施設・処理業の基準などを定めた法律です。従来の「**清掃法**」を全面的に改めるかたちで、1970年に制定されました。廃棄物の不法投棄などに対処するため、これまでに数回大きな改正が行われました。とくに1997年以降は、法改正が頻繁に行われるようになり、2003年から2006年までの4年間は、毎年、法改正が行われました。

▶▶ 廃棄物処理法の改正

1991年の廃棄物処理法の改正では、**特別管理廃棄物制度**が創設され、特別管理産業廃棄物にマニフェストの使用が義務付けられました。また、それまでは届出のみで設置できた産業廃棄物処理施設が、この改正によって、**許可制**に変わりました。そのほか、罰則全般が強化されました。

1997年の廃棄物処理法の改正では、廃棄物処理業の欠格要件の強化や、名義貸しの禁止、無許可業者による産業廃棄物処理業務の受託の禁止など、**産業廃棄物処理業者に対する規制**が厳しくなりました。また、マニフェストの使用義務がすべての産業廃棄物に拡大し、**電子マニフェスト制度**が創設されたのも、この改正からです。

2000年の廃棄物処理法の改正では、暴力団関係者の排除を目的とした、**産業廃棄物処理業の許可の欠格要件**が追加されました。また、**マニフェスト制度**にも変更があり、排出事業者による産業廃棄物の処分終了確認が、最終処分終了時まで拡大されました。そのほか、廃棄物が不法投棄などの不適切な処分をされた場合の**措置**

9-2 廃棄物処理法

命令の対象に、排出事業者が追加されるという、排出事業者にとって重要な法改正がありました。2003年の廃棄物処理法の改正では、産業廃棄物処理業者などが欠格要件に該当するにいたった場合、従来なら許可を「取り消すことができる」だったものが、「取り消さなければならない」と、**取り消しが義務化**されました。

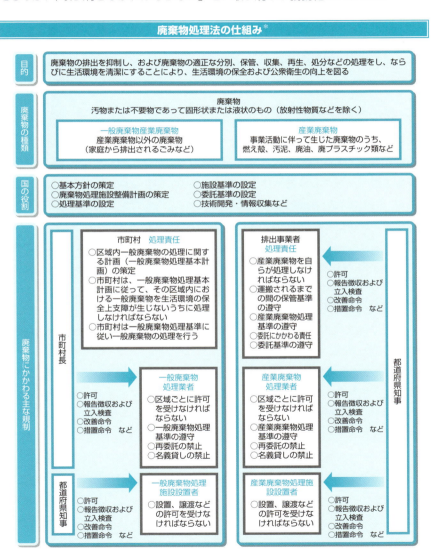

＊…の仕組み：環境省「平成19年版環境・循環型社会白書」より。

9-3 バーゼル法
有害廃棄物を輸出入するときの法律

　バーゼル条約は、有害廃棄物の国境を越える移動に関する国際的なルールを規定した条約です。日本では、バーゼル条約に対応するため、特定有害廃棄物等の輸出入等の規制に関する法律（バーゼル法）が制定されています。

▶▶ バーゼル条約とは

　有害廃棄物の国境を越える移動とその処分によって生じる人の健康や環境に対する被害を防止すること目的として、1989年にスイスのバーゼルにおいて「**有害廃棄物の国境を越える移動及びその処分の規制に関するバーゼル条約（バーゼル条約）**」採択され、1992年5月に発効しました。バーゼル条約は、有害廃棄物の国境を越える移動に関する国際的なルールを規定した条約です。

　日本では、バーゼル条約に対応するため、「**特定有害廃棄物等の輸出入等の規制に関する法律（バーゼル法）**」が制定され、1993年12月16日に施行されました。

▶▶ バーゼル法の内容

　バーゼル法の規制対象となっている**特定有害廃棄物等**を輸出入するときは、経済産業大臣の承認が必要となっています。

　バーゼル法は、**特定有害廃棄物**として、めっき汚泥、鉛蓄電池、PCBなど59種類の規制対象を定めています。この59種類の対象にあてはまらないものでも、ヒ素やダイオキシンを一定以上含む廃棄物の場合は、バーゼル法の規制対象となり、輸出入する際には、経済産業大臣の承認を受ける必要があります。

　なお、バーゼル法の規制対象とならない廃棄物を輸出する場合は環境大臣の「**確認**」、輸入をする場合は環境大臣の「**許可**」を受ける必要があります。結局のところ、廃棄物を輸出入する場合は、有害無害を問わず、国に対して何らかの手続きをすることになります。

特定有害廃棄物等の輸出入の状況

経済産業省と環境省の発表によると、2017年1月から12月までの間に**輸出された**特定有害廃棄物等の量は249,006トンで、前年より40,768トン増加しています。また、**輸入された**特定有害廃棄物等の量は20,363トンで、前年より9,470トン減少しました。

輸出入の量と件数の推移をみてみると、輸出の件数は、2004年に100件を超えた後は右肩上がりに増え続け、2017年には1,203件を超えました。輸出量は2007年に4万トンに急増した後も増加をし続け、2013年には20万トンを超えました。輸入の件数は、2013年以降は毎年300件以上で推移しており、2016年には1,000件を超えました。輸入量は年度によって変動がありますが、2013年以降は毎年2万トンを超えています。

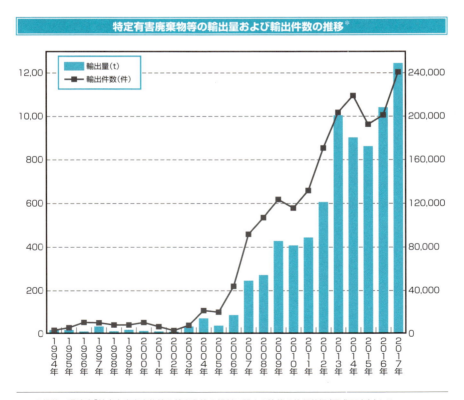

特定有害廃棄物等の輸出量および輸出件数の推移＊

＊…の推移：環境省「特定有害廃棄物等の輸出入等の規制に関する法律の施行状況（平成29年）」より。

9-4 PCB特措法

ポリ塩化ビフェニル廃棄物の適正な処理の推進に関する特別措置法（PCB特措法）は、ポリ塩化ビフェニル（PCB）の廃棄物を確実、適正に処理するため、PCB廃棄物をもつ事業者に適正処分などを義務付けた法律です。

▶▶ PCB特措法とは

「ポリ塩化ビフェニル廃棄物の適正な処理の推進に関する特別措置法（PCB特措法）」は、ポリ塩化ビフェニル（PCB）の廃棄物を確実、適正に処理するため、PCB廃棄物をもつ事業者に適正処分などを義務付けた法律です。PCB特措法は、2001年6月に制定されました。

PCBは絶縁性や不燃性に優れているため、1960年代まで電気製品などに幅広く利用されていました。しかし、1968年の**カネミ油症事件**[*]を機に、PCBのもつ人体への有害性が明らかになったため、1972年以降は製造が禁止されました。

製造は中止されましたが、その時点ですでに、膨大な数のPCB使用製品が出回っていました。PCBを安全に処理するには高温焼却などの特別な処理が必要なため、安易に処理するわけにもいかず、PCB使用製品の所有者は、使わなくなったPCB使用製品を保管し続けるしかありませんでした。

PCB廃棄物の処理期限は、当初は2016年7月までと設定されていましたが、2012年の廃棄物処理法施行令改正により、2027年3月までに延長されました。

▶▶ PCB特措法の内容

PCB廃棄物は、PCBの濃度によって、「高濃度PCB廃棄物」と「低濃度PCB廃棄物」に大別されます。

「**高濃度PCB廃棄物**」は、PCB原液の他、PCB濃度が0.5％を超えるものとなります。高圧変圧器やコンデンサー等の高濃度PCB廃棄物は、**中間貯蔵・環境安全事業株式会社（JESCO**[*]**）**のみで処理が行われます。現在使用中の変圧器やコ

---

[*] **カネミ油症事件**：ポリ塩化ビフェニル（PCB）などが混入した食用油を摂取した人々に障害などが発生した中毒事件。1968年に、福岡県や長崎県を中心に西日本一帯で発生した。

[*] **JESCO**：Japan Environmental Safety Corporationの略。

ンデンサーであっても、PCBが高濃度で含まれるものについては、地域ごとに定められた処理完了期限までに廃棄処理する必要があります。

「**低濃度PCB廃棄物**」は、PCB濃度が0.5％以下のPCB廃棄物となります。低濃度PCB廃棄物は、JESCOではなく、民間事業者が設置し、環境大臣が認定した無害化処理認定施設か都道府県知事が許可した施設で処理が行われます。低濃度PCB廃棄物の処理期限は、2027年3月31日までとなっています。

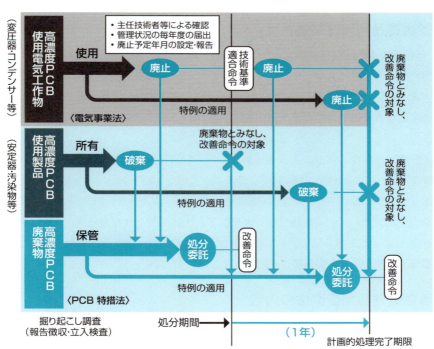

高濃度PCB廃棄物等の処分までの流れ

＊…の流れ：環境省・通商産業省「ポリ塩化ビフェニル（PCB）使用製品及びPCB廃棄物の期限内処理に向けて」（2016年10月版）より。

9-5 資源有効利用促進法
循環型社会を形成するための法律

資源の有効な利用の促進に関する法律（資源有効利用促進法）は、資源の有効利用を促進するため、リサイクルの強化や廃棄物の発生抑制、再使用を定めた法律です。循環型経済システムの構築をめざして、2000年に制定されました。

▶▶ 資源有効利用促進法とは

「**資源の有効な利用の促進に関する法律（資源有効利用促進法）**」は、資源の有効利用を促進するため、リサイクルの強化や廃棄物の発生抑制、再使用を定めた法律です。資源有効利用促進法は、1991年に制定された「**再生資源の利用の促進に関する法律（再生資源利用促進法）**」を抜本的に改正し、2000年に制定されました。

日本は、食糧や資源の大部分を外国からの輸入に依存しています。それらを大量に消費して、製品を大量生産し、使われなくなった物を大量に廃棄処分、というループを繰り返すことで、経済発展を遂げることに成功しました。しかし、日本が持続的に発展していくためには、大量生産、大量消費、大量廃棄型の経済システムから、循環型経済システムに移行しなければなりません。資源有効利用促進法は、**循環型経済システムの構築**をめざして制定されました。

▶▶ 資源有効利用促進法の内容

資源有効利用促進法は、循環型社会を形成するために必要な**廃棄物の発生抑制**（リデュース）、**再使用**（リユース）、**再生利用**（リサイクル）などを、国として総合的に進めていくための法律です。**リデュース、リユース、リサイクル**のそれぞれの頭文字を取って、「**3R**」と呼ばれています。

資源有効利用促進法では、とくに事業者の取り組みが重要視されており、事業者には、原材料の使用の合理化や再生資源・部品の利用促進などに努めることが求められています。

9-5 資源有効利用促進法

　事業者全体に関する規定以外にも、特定の10業種と69品目を指定することで、国全体として、原材料の使用の合理化や、製造に伴う副産物の抑制などを図っていくこととされています。

　なお、この69品目のうちの、**指定再資源化製品**として定められている、パソコン、小型二次電池については、製造事業者などによる回収とリサイクルが義務付けられています。

資源有効利用促進法の対象品目・業種※

区分／対象	副産物のリデュース・リサイクル	リユース部品使用	リサイクル材使用	リデュース配慮設計	リユース配慮設計	リサイクル配慮設計	分別回収の表示	事業者の回収リサイクル	副産物リサイクル促進
義務業種・品目の名称	特定省資源業種	特定再利用業種	特定再利用業種	指定省資源化製品	指定再利用促進製品	指定再利用促進製品	指定表示製品	指定再資源化製品	指定副産物
（参考）旧法での名称	—	—	特定業種	—	—	第一種指定製品	第二種指定製品	—	指定副産物
容器包装 ペットボトル	—	—	—	—	—	—	○	—	—
容器包装 スチール缶	—	—	—	—	—	—	○	—	—
容器包装 アルミ缶	—	—	—	—	—	—	○	—	—
容器包装 ガラスびん	—	—	○	—	—	—	—	—	—
容器包装 プラスチック製容器包装	—	—	—	—	—	—	●	—	—
容器包装 紙製容器包装	—	—	—	—	—	—	●	—	—
紙	—	—	○	—	—	—	—	—	—
自動車・オートバイ	—	—	—	●	●	○	—	—	—
家電4品目	—	—	—	●	—	○	—	—	—
電子レンジ・衣類乾燥機	—	—	—	●	—	●	—	—	—
小型二次電池使用機器（電池のみ対応）	—	—	—	—	—	●	—	●	—
ガス・石油機器	—	—	—	●	—	●	—	—	—
金属製家具	—	—	—	●	—	●	—	—	—
パソコン	—	—	—	●	—	●	—	●	—
小型二次電池	—	—	—	—	—	●	—	●	—
ぱちんこ台	—	—	—	●	●	●	—	—	—
浴室ユニット	—	—	—	—	—	●	—	—	—
システムキッチン	—	—	—	—	—	●	—	—	—
複写機	—	●	—	—	●	—	—	—	—
硬質塩ビ管・継手	—	—	●	—	—	—	—	●	—
硬質塩ビ製の雨どい・サッシ、塩ビ製の床材・壁紙	—	—	—	—	—	—	—	●	—
鉄鋼業	●	—	—	—	—	—	—	—	—
紙・パルプ製造業	●	—	—	—	—	—	—	—	—
無機・有機化学工業製品製造	●	—	—	—	—	—	—	—	—
銅第一製錬・精製業	●	—	—	—	—	—	—	—	—
自動車製造業	●	—	—	—	—	—	—	—	—
電気業	—	—	—	—	—	—	—	—	○
建設業	—	—	○	—	—	—	—	—	○

○：旧法において既指定　●：2001年4月指定

※…品目・業種：環境省「平成19年版環境・循環型社会白書」より。

9-6 容器包装リサイクル法
容器包装ごみの減量化を図るための法律

容器包装に係る分別収集及び再商品化の促進等に関する法律（容器包装リサイクル法）は、家庭から出るごみの6割（容積比）を占める容器包装ごみのリサイクルを製造者に義務付けた法律です。

▶▶ 容器包装リサイクル法とは

「**容器包装に係る分別収集及び再商品化の促進等に関する法律（容器包装リサイクル法）**」は、家庭から出るごみの6割（容積比）を占める容器包装ごみのリサイクルを製造者に義務付けた法律です。容器包装リサイクル法は、1997年に**ガラス容器**と**ペットボトル**を対象に施行されました。2000年には全面施行され、**飲料用以外の紙製容器包装**と**プラスチック製で飲料、醤油充てんのペット容器以外**が対象に加わりました。また、2006年に、**改正容器包装リサイクル法**が成立し、2007年4月から施行されています。

▶▶ 容器包装リサイクル法の内容

容器包装リサイクル法は、従来は市町村のみに頼っていた容器包装廃棄物の処理を、消費者、市町村、事業者の役割分担によって、容器包装廃棄物の削減を実現させることを目的としています。

家庭から一般廃棄物として排出される容器包装廃棄物のリサイクルを進めやすくするため、**消費者**は、ごみを分別して排出するよう努めます。**市町村**は、消費者から出された容器包装廃棄物を分別収集します。市町村は、分別収集した容器包装廃棄物を、再商品化事業者にそれを引き渡す役割も担っています。容器を製造、または容器包装を利用して商品の販売をした**事業者**は、容器包装の再商品化（リサイクル）を行います。事業者は、そのほかにも、容器包装の軽量化などにより、容器包装廃棄物の排出抑制に努めます。

容器包装リサイクル法の対象品目

容器包装リサイクル法は、**ガラスびん**、**ペットボトル**、**プラスチック製容器包装**、**紙製容器包装**、**スチール缶**、**アルミ缶**、**紙パック**、**段ボール**の8品目を、分別収集の対象としています。

ガラスびん、ペットボトル、プラスチック製容器包装、紙製容器包装の4品目については、**特定事業者**[*]に再商品化を行う義務があります。

スチール缶、アルミ缶、紙パック、段ボールの4品目は、市町村が分別収集した段階から有償で販売できるものですので、特定事業者に再商品化を行う義務はありません。

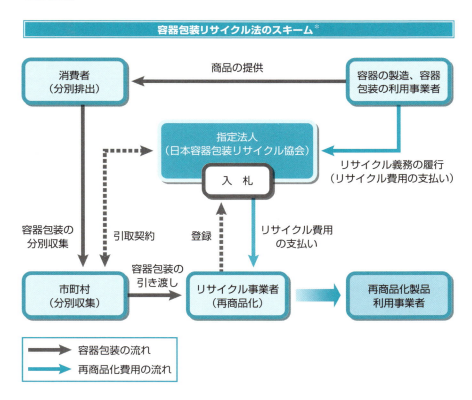

容器包装リサイクル法のスキーム[*]

---

[*] **特定事業者**：容器、包装を利用して中身を販売する事業者。容器を製造する事業者。容器および容器、包装が付いた商品を輸入して販売する事業者。
[*] **…のスキーム**：環境省「平成19年版環境・循環型社会白書」より。

9-7 家電リサイクル法

特定家庭用機器再商品化法（家電リサイクル法）は、家庭で不要となったテレビ、エアコン、洗濯機、冷蔵庫・冷凍庫などの家電製品について、家電メーカーに回収とリサイクルを、消費者にその費用負担を義務付けた法律です。

▶▶ 家電リサイクル法とは

「**特定家庭用機器再商品化法（家電リサイクル法）**」は、家庭で不要となったテレビ、エアコン、洗濯機、冷蔵庫・冷凍庫などの家電製品について、家電メーカーに回収とリサイクルを、消費者にその費用負担を義務付けた法律です。

一般家庭や事業場から排出される家電製品は、鉄などの一部の金属は回収される場合があるものの、約半分はそのまま埋め立てられていました。しかし、廃家電製品には、鉄、銅、アルミ、ガラスなどの有用な資源が多く含まれています。そこで、廃家電から有用な部品や材料をリサイクルし、最終的に埋め立て処分される廃棄物の量を減らすとともに、資源の有効利用を促進するために家電リサイクル法が制定され、2001年4月から施行されました。

▶▶ 家電リサイクル法の内容

家電リサイクル法は、**家庭用エアコン、ブラウン管テレビ、液晶・プラズマテレビ、冷蔵庫・冷凍庫、洗濯機・衣類乾燥機**の4品目を対象とし、排出者、小売業者、製造業者の役割を定めています。

排出者とは、家電製品の消費者のことであり、家電製品を廃棄する際に収集運搬料金とリサイクル料金を負担することが求められています。**小売業者**とは、家電製品の販売事業者のことであり、排出者が廃家電の引き取りを求めてきた際には、それを引き取り、製造業者に引き渡します。**製造業者**とは、家電製品の製造事業者のことであり、小売業者から廃家電を引き取り、その再商品化を行います。

家電リサイクル法は、**廃家電の再商品化率**を、エアコン80％以上、ブラウン管

9-7 家電リサイクル法

テレビ55％以上、液晶・プラズマテレビ74％以上、冷蔵庫・冷凍庫70％以上、洗濯機・衣類乾燥機82％以上と定めていますが、環境省と経済産業省の調査では、2016年度は、エアコン92％、ブラウン管テレビ73％、液晶・プラズマテレビ89％、冷蔵庫・冷凍庫81％、洗濯機・衣類乾燥機90％と、いずれの廃家電も法律の基準を上回る再商品化率を達成しています。

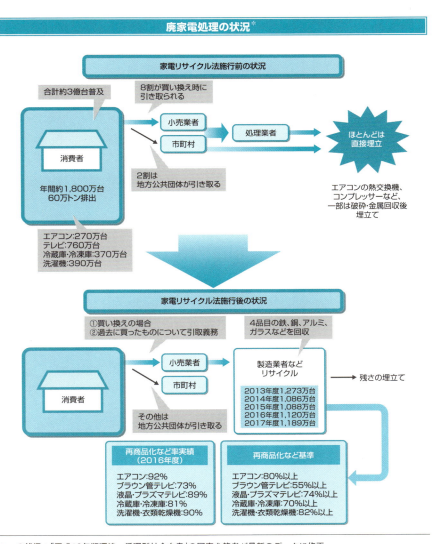

廃家電処理の状況*

＊…の状況：「平成19年版環境・循環型社会白書」の図表を筆者が最新のデータに修正。

9-8 建設リサイクル法

建設工事に係る資材の再資源化等に関する法律（建設リサイクル法）は、資源の有効利用や廃棄物の適正処理を推進するため、建設廃棄物の分別・リサイクルなどを定めた法律です。

建設リサイクル法とは

「建設工事に係る資材の再資源化等に関する法律（建設リサイクル法）」は、資源の有効利用や廃棄物の適正処理を推進するため、建設廃棄物の分別・リサイクルなどを定めた法律です。建設リサイクル法は、2002年5月から施行され、建設解体業者による分別解体およびリサイクル、工事の発注者や元請企業などの契約手続きなどが規定されています。

建設リサイクル法の内容

建設リサイクル法は、コンクリート塊、アスファルト・コンクリート塊、木材などの**特定建設資材**を用いた一定規模以上の建設工事に関して、建設工事の受注者に対し、分別解体と廃棄物の再資源化を義務付けています。

建設リサイクル法の対象となる建設工事を実施する際は、工事着手の7日前までに、発注者から都道府県知事に対して分別解体などの計画を届け出ます。また、解体工事業者は、都道府県知事への登録が必要です。

分別解体と再資源化の対象となる建設工事は、工事の種類や床面積などに基づき、

①建築物の解体工事の場合は、床面積80平方メートル以上
②建築物の新築または増築工事の場合は、床面積500平方メートル以上
③建築物の修繕・模様替え工事の場合は、請負代金が1億円以上
④建築物以外の工作物の解体または新築工事の場合は、請負代金が500万円以上

と定められています。

建設リサイクルの状況

　国土交通省の調査によると、2012年度の**建設廃棄物の排出量**は約7,269万トンで、2008年度と比較すると約13.9％増加していました。また、**再資源化率**については、コンクリート塊が99.3％、アスファルト・コンクリート塊が99.5％と、非常に高い水準を維持しています。木材の再資源化率は89.2％でしたが、2008年度より8.9ポイント上昇しています。

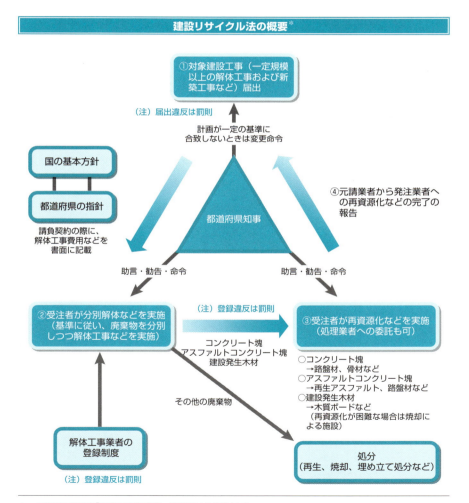

＊…の概要：環境省「平成19年版環境・循環型社会白書」より。

9-9 食品リサイクル法

食品循環資源の再生利用等の促進に関する法律（食品リサイクル法）は、食品製造工程から出る材料くずや売れ残った食品、食べ残しなどの食品廃棄物を減らし、リサイクルを進めるため、生産者や販売者などに食品廃棄物の減量・リサイクルを義務付けた法律です。

▶▶ 食品リサイクル法とは

「**食品循環資源の再生利用等の促進に関する法律（食品リサイクル法）**」は、食品製造工程から出る材料くずや売れ残った食品、食べ残しなどの食品廃棄物を減らし、リサイクルを進めるため、生産者や販売者などに食品廃棄物の減量・リサイクルを義務付けた法律です。食品リサイクル法は、2001年5月から施行されました。

▶▶ 食品リサイクル法の内容

食品リサイクル法は、食品廃棄物の排出者である**食品関連事業者**、食品廃棄物の再生利用を行う**再生利用事業者**、食品廃棄物を再生利用してできた肥料を利用し、農産物を生産する**農林漁業者**など、の3者の連携によって、食品廃棄物の発生を抑制していくことを目標としています。具体的な数値目標としては、2019年度までに食品製造業は95％以上、食品卸売業は70％以上、食品小売業は55％以上、外食産業は50％以上の再生利用率を目指しています。なお、**再生利用**とは、狭義のリサイクルのみを指すのではなく、（食品廃棄物の）発生抑制、（肥料や飼料への）再生利用、（脱水や乾燥などによる）減量の3つの手段を含めた総称です。

▶▶ 食品関連事業者と再生利用事業者

食品関連事業者とは、食品廃棄物の排出者で、具体的には、食品メーカーなどの食品の製造・加工業者、スーパーや八百屋などの食品の卸売・小売業者、食堂やレストランなどの飲食店その他食事の提供を伴う事業者などになります。

9-9 食品リサイクル法

再生利用業者とは、食品廃棄物を、肥料や動物の飼料などにリサイクルさせる事業者のことです。優良な事業者として、主務大臣（農林水産大臣、環境大臣など）の登録を受けた再生利用事業者には、肥料や飼料を製造・販売する際の届出が免除されるなどの**特例措置**があります。

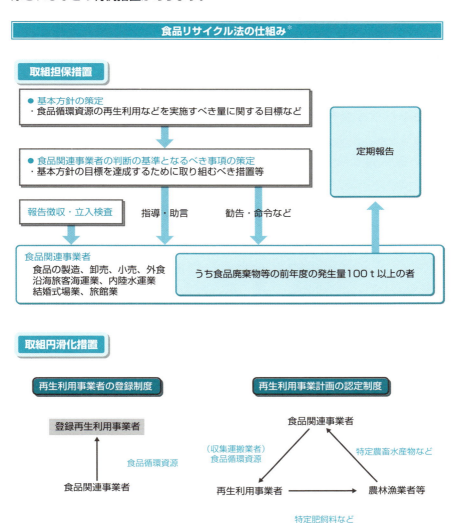

*…の仕組み：農林水産省資料（http://www.maff.go.jp/j/soushoku/recycle/syokuhin/s_about/pdf/data2.pdf）を基に作成。

9-10 自動車リサイクル法
使用済自動車のリサイクル・適正処理を図るための法律

使用済自動車の再資源化等に関する法律（自動車リサイクル法）は、使用済み自動車から出る部品などを回収してリサイクルしたり適正に処分したりすることを、自動車メーカーや輸入業者に義務付ける法律です。

▶▶ 自動車リサイクル法とは

「**使用済自動車の再資源化等に関する法律（自動車リサイクル法）**」は、使用済み自動車から出る部品などを回収してリサイクルしたり適正に処分したりすることを、自動車メーカーや輸入業者に義務付ける法律です。

自動車は、部品を再使用したり、鉄などの有用金属を回収したりすることで、総重量の約80％がリサイクルされてきました。しかし、残りの約20％の**シュレッダーダスト**（クルマの解体・破砕後に残るプラスチックくずなど）は、埋め立て処分されてきました。ところが、最終処分場の容量が不足してきたこと、それに伴って処分費用が高騰してきたことなどから、廃車の不法投棄・不適正処理の懸念が生じていました。また、カーエアコンの冷媒には、オゾン層の破壊や地球温暖化の原因となる**フロン類**が使用されていますので、適切な回収を進める必要があります。このような状況を背景とし、廃車によって発生する廃棄物の量を減らし、フロン類などの適切な回収体制を構築するため、2005年1月から自動車リサイクル法が本格施行されました。

▶▶ 自動車リサイクル法の内容

自動車リサイクル法は、生産者は、製品の販売によって利益を受ける以上、製品の廃棄とリサイクルについても責任を負うべきという、**拡大生産者責任**の考えに基づき、自動車製造業者に、**シュレッダーダスト**、**エアバッグ**、**フロン類**などの引き取りと、それらのリサイクル（フロン類の場合は破壊）を義務付けています。

9-10 自動車リサイクル法

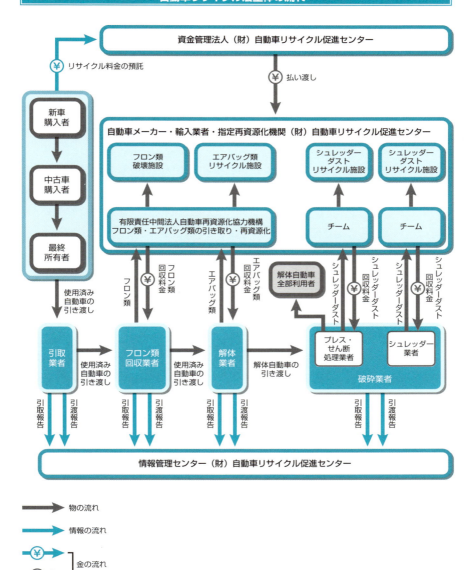

＊…の流れ：自動車再資源化協力機構「自動車リサイクル法 第3回全国説明会 配付資料」より。

9-10　自動車リサイクル法

　実際のリサイクル手続きの担い手としては、使用済み自動車の最終所有者からそれを引き取る**引取業者**、フロン類を回収する**フロン類回収業者**、使用済み自動車を解体し、エアバッグや有用部品などを回収する**解体業者**、使用済み自動車を破砕する**破砕業者**などが規定されています。

　リサイクルに要する費用は、新車の購入時に所有者が負担し、リサイクル料金として、自動車リサイクル促進センターに預託します。また、引取業者以降のリサイクルの流れは、すべて電子マニフェストで管理されることとなっています。

▶▶ 自動車リサイクルの現状

　経済産業省の調査では、2016年に自動車リサイクル法に基づき処理された**廃車**は約310万台。また、2016年の自動車製造業者の**再資源化率**は、シュレッダーダストが97.3～98.7％、エアバッグ類が93～94％と、自動車リサイクル法が定める再資源化率の目標値を、すべて上回っています。

▶▶ 集められた自動車リサイクル料金の使い道

　公益財団法人自動車リサイクル促進センターの発表によると、同センターに預託された2017年度（2017年4月～2018年3月）の自動車リサイクル料金の総額は539億円でした。

　自動車リサイクル促進センターは、自動車ユーザーからの預託金を日本国債その他の債券で運用し、自動車メーカーなどへのリサイクル料金の払い渡しを行っています。2017年度は、シュレッダーダスト、エアバッグ類、フロン類のリサイクル料金として、総額で321億円が払い渡されています。

　自動車リサイクル料金の払い渡しのほかにも、預託された自動車リサイクル料金は、不法投棄された廃車の撤去費用の支援や、離島での自動車リサイクル推進のために活用されています。

資　料

委託契約書など

資料1　[収集運搬用] 産業廃棄物処理委託契約書の例

資料2　[処分用] 産業廃棄物処理委託契約書の例

資料3　[収集運搬・処分用] 産業廃棄物処理委託契約書の例

資料4　再委託承諾願のサンプル
　　　　（受託者●●から委託者に提出するもの）

資料5　再委託承諾書のサンプル
　　　　（委託者から受託者●●への返事）

資料1 ［収集運搬用］産業廃棄物処理委託契約書の例

収入印紙

［収集運搬用］
産業廃棄物処理委託契約書*

平成 30 年 4 月 1 日

排出事業者（甲）
　住　所　大阪府○○市○○町3-20
　氏　名　誠実建設株式会社　代表取締役　誠実　太郎　㊞
　　　　　（法人にあっては名称及び代表者の氏名）

収集運搬業者（乙）
　住　所　兵庫県○○市○○町1-1
　氏　名　信頼運搬サービス株式会社　代表取締役　信頼　次郎　㊞
　　　　　（法人にあっては名称及び代表者の氏名）

乙の事業範囲

（積込み場所）	（荷下ろし場所）
収集運搬業許可番号　28000●●●●	33000●●●●
（許可都道府県政令市名）（兵庫県）	（岡山県）

許可品目（積込み場所・荷下ろし場所に共通の許可品目のみ丸で囲む）

燃え殻	汚泥	廃油	廃酸	廃アルカリ	⦿廃プラスチック類	ゴムくず	金属くず
⦿ガラスくず、コンクリートくず及び陶磁器くず		鉱さい		⦿がれき類	ばいじん	紙くず	木くず
繊維くず	動植物性残さ	動物のふん尿	動物の死体	その他（　　　　　　　）			
特別管理産業廃棄物（　　　　　　　　　　　　　　　　　　　　　　　　）							

　上記排出事業者甲（以下「甲」という。）と収集運搬業者乙（以下「乙」という。）は、甲の事業場から排出される産業廃棄物又は特別管理産業廃棄物（以下「廃棄物」という。）の収集運搬に関して、次のとおり契約を締結する。甲と乙は、本書を2通作成し、それぞれ記名押印の上、その1通を保有する。

（乙の事業範囲及び許可証の添付）
第1条　乙の事業範囲は上記のとおりであり、乙の事業範囲を証するものとして、許可証の写しを添付する。なお、許可事項に変更があったときは、乙は、速やかにその旨を甲に通知するとともに、変更後の許可証の写しを本書に添付する。

（廃棄物の排出事業場、種類、数量、金額及びその他適正処理に必要な情報の提供）
第2条　甲が、乙に収集運搬を委託する廃棄物の排出事業場、種類、予定数量及び合計予定金額は、別表1のとおりとする。委託する廃棄物に石綿含有産業廃棄物（工作物の新築、改築又は除去に伴って生じた産業廃棄物であって、石綿をその重量の0.1％を超えて含有するもの。ただし、特別管理産業廃棄物である廃石綿等を除く。）が含まれる場合には、その旨を別表1の廃棄物の種類欄に併せて記入する。
2　甲の委託する廃棄物の荷姿、性状その他適正処理に必要な情報は、別表1の別紙「廃棄物データシート（WDS）」のとおりとする。ただし、両者協議の上で別途、「廃棄物データシート」以外の簡易な書式による情報提供を行う場合は、その書式に記載した内容のとおりとする。
3　甲は、本条第2項で提供した情報に変更が生じた場合は、当該廃棄物の引渡しの前に、別表2に記載の方法により乙に変更後の情報を提供しなければならない。なお、情報の提供を要する変更の範囲については、甲と乙とであらかじめ協議の上で定めることとする。

→ 収集運搬に関する許可証の写しを契約書に添付しなければなりません

＊東京都の産業廃棄物処理委託モデル契約書（http://www.kankyo.metro.tokyo.jp/resource/industrial_waste/on_waste/commission/contract_commission.html）に加筆して作成。

資料1 [収集運搬用]産業廃棄物処理委託契約書の例

(収集運搬料金及び支払い)
第3条 甲の委託する廃棄物の収集運搬業務に関する契約金額(以下「契約単価」という。)は、別表1のとおりとする。ただし、これによりがたい場合は、甲乙合意の上で、1回あたりの契約単価にすることができる。
2 甲は、産業廃棄物管理票(以下「マニフェスト」という。)の写しの受領等により、乙が廃棄物を確実に運搬したことを確認したときに、乙に収集運搬料金を支払う。

(搬入先)
第4条 乙は、甲から委託された第2条の廃棄物を、甲の指定する別表1に記載する処分業者(以下「丙」という。)の事業場に搬入する。

(マニフェスト)
第5条 甲は、廃棄物の搬出の都度、マニフェストに必要事項を記載し、A(排出事業者保管)票を除いて乙に交付する。
2 乙は、廃棄物の収集を行うときは、甲の交付担当者の立会いのもと廃棄物の種類及び数量の確認を行うとともにマニフェストと照合する。
3 乙は、廃棄物を丙の事業場に搬入する都度、マニフェストに必要事項を記載し、B1(収集運搬業者保管)票とB2(運搬終了)票を除いて、丙に回付する。
4 乙は、B2(運搬終了)票を運搬終了日から10日以内に甲に送付するとともにB1(収集運搬業者保管)票及び丙から送付されるC2(処分終了)票を5年間保存する。
5 甲は、乙から送付されたB2(運搬終了)票を、A(排出事業者保管)票及び丙から送付されたD(処分終了)票及びE(最終処分終了)票とともに5年間保存する。

(契約期間及び保存)
第6条 この契約の有効期間は、 30 年 4 月 1 日から 30 年 9 月 30 日までとする。
2 甲及び乙は、契約書及び契約書に添付される書面を契約の終了後5年間保存する。

(法令等の遵守)
第7条 乙は、廃棄物の処理及び清掃に関する法律(昭和45年法律第137号。関連する政令及び省令を含む。以下「法令等」という。)、関係法令及び行政指導等を遵守して、廃棄物の収集運搬を行われなければならない。甲もまた、排出事業者として法令等を遵守しなければならない。

(義務と責任)
第8条 甲は、乙から要求があった場合は、第2条各項によるもののみならず、収集運搬を委託する廃棄物の適正処理に必要な情報を速やかに乙に通知しなければならない。
2 乙は、甲から委託された廃棄物を、その積込み作業の開始から、丙の事業場における荷下ろし作業の完了まで、法令等に基づき適正に運搬しなければならない。この間に発生した事故については、甲の責に帰すべき場合を除き、乙が責任を負う。
3 乙は、甲から委託された業務が終了したときは、直ちに業務終了報告書を作成し、甲に提出しなければならない。ただし、業務終了報告書は、マニフェストB2(運搬終了)票をもって代えることができる。

(業務の調査等)
第9条 甲は、この契約に係る乙の廃棄物の運搬が法令等の定めに基づき、適正に行われているかを確認するため、乙に対して、当該運搬の状況に係る報告を求めることができる。

(再委託の禁止)
第10条 乙は、甲から委託された廃棄物の収集運搬業務を他人に委託してはならない。ただし、契約期間中に、乙の車両が故障した場合等真にやむを得ない理由により、運搬業務を他人に委託せざるを得ない事由が生じた場合は、乙は、法令等で定める再委託基準に従い、あらかじめ甲からの書面による承諾を得て、収集運搬業務を再委託することができる。

(積替え保管)
第11条 乙は、甲から委託された廃棄物の積替保管を行ってはならない。

積替え保管をする場合は、この部分を変更します

(内容の変更)
第12条 甲及び乙は、契約期間及び予定数量の変動等については、甲乙協議の上で、変更内容を書面で定め、その書面を本書に添付する。

再委託の方法などは、4-5を参照してください

資料 委託契約書など

資料1 ［収集運搬用］産業廃棄物処理委託契約書の例

(機密保持)
第13条　甲及び乙は、この契約に関連して、業務上知り得た相手方に係る機密事項を第三者に漏らしてはならない。

(契約の解除)
第14条　甲又は乙は、この契約の当事者がこの契約の条項のいずれか若しくは法令等の規定に違反するとき、又は甲乙の合意があったときは、この契約を解除することができる。
2　前項の規定によりこの契約を解除するにあたって、この契約に基づき甲から引渡しを受けた廃棄物の処理を乙が完了していないときは、当該廃棄物を甲乙双方の責任で処理した後でなければこの契約は解除できない。
3　乙は、甲が第2条各項又は第8条第1項の規定により提供した情報により、廃棄物の収集運搬を適正に行うことが出来ないと判断した場合は、甲に対し、契約の変更又は解除を申し出なければならない。この場合において、甲は乙に当該廃棄物を引き渡してはならない。

(協議)
第15条　甲及び乙は、この契約に定めのない事項又はこの契約の各条項に関する疑義が生じたときは、関係法令の定めに基づき、誠意をもって協議の上で、これを決定する。

> 委託契約が解除されても、産業廃棄物は残り続けますので、事前に契約でその場合の対処方針を決めておきます

資料1 ［収集運搬用］産業廃棄物処理委託契約書の例

別表1（第2条、第3条、第4条関係）

排出事業場番号	排出事業場名称	排出事業場所在地及び連絡先		
1	○○工事現場	兵庫県○○市○○町△△　　06-0000-0000		
2	××工事現場	兵庫県××市××町△△　　06-0000-0000		
3				

排出事業場番号	廃棄物の種類（廃棄物データシート番号）	契約単価（円）	予定数量（日・週・月・年）	処分業者（丙）		
				氏名・名称及び許可番号	所在地	処分方法
1,2	廃プラスチック類（　）	5,000円／（kg・l・m³・t）	4（kg・l・m³・t）	株式会社あんしん処理 33000××△△	岡山県○○市○○町2-1	破砕
1,2	ガラスくず（　）	5,000円／（kg・l・m³・t）	10（kg・l・m³・t）	同上	同上	同上
1,2	がれき類（　）	7,000円／（kg・l・m³・t）	20（kg・l・m³・t）	同上	同上	同上
	（　）	／（kg・l・m³・t）	（kg・l・m³・t）			

> 単価や数量はあくまでも予定なので、契約書に定めた数量以上を委託できないわけではありませんが、実際に委託した量と、契約書で定めた量に著しい差がある場合は、適切な委託契約とみなされない場合があります。

契約期間中の合計予定金額	1,260,000円　契約期間は第6条記載のとおり

備考
　委託する廃棄物に石綿含有産業廃棄物（工作物の新築、改築又は除去に伴って生じた産業廃棄物であって、石綿をその重量の0.1％を超えて含有するもの。ただし、特別管理産業廃棄物である廃石綿等を除く。）が含まれる場合は、その旨を該当する廃棄物の種類欄に記入する。

資料1 [収集運搬用] 産業廃棄物処理委託契約書の例

別表2（第2条関係）

廃棄物情報に変更があった場合の情報文書（廃棄物データシート）の伝達方法	
甲の担当者所属氏名及び連絡先	別紙〔廃棄物データシート〕のとおり
乙の担当者所属氏名	○○部　○×　□△
文書の伝達方法及び伝達先 （該当欄にチェック）	☑FAX（　06　－　0000　－　000　　　　　） □e-mail（　　　　　　　　＠　　　　　　　　　　） □郵送（〒　　　　　　　）
緊急時の連絡先	06　－　××××　－　△△△　　（代表・直通）（内線）
営業時間	9：00　～　18：00
休業日	日曜日・祝日

記入上の注意事項
1　乙の事業範囲
　(1) 許可番号欄の（　）内には、当該許可を受けている都道府県政令市の名称を記入する。
　(2) 積込み場所又は荷下ろし場所が複数の都道府県政令市にまたがる場合は、事業範囲の記入欄を必要数追加する。
　(3) 許可品目のうち、特別管理産業廃棄物は、種類のみ記入する。
2　別表1
　(1) 廃棄物の種類ごとに廃棄物データシートを作成し、該当するデータシート番号を別表1の廃棄物の種類欄の（　）内に記入する。
　(2) 委託する廃棄物に石綿含有産業廃棄物が含まれる場合、該当する廃棄物の種類欄に、その旨を記入する。
　(3) 廃棄物の種類ごとに契約単価が異ならない場合は、かっこ括りで記入してもよい。
　(4) 契約単価欄は、該当する単位に○印を付ける。なお、1回あたりの契約単価の場合は、「××円／回（18リットルポリタンク）」のように記入してもよい。
　(5) 予定数量は、該当する単位に○印を付ける。予定数量は「××～△△」のように記入してもよい。
　(6) 処分業者が同一の場合は、かっこ括りで記入してもよい。
　(7) 処分の方法については、廃棄物の種類ごとの処分方法（例、凝集沈殿・中和処理、脱水、高温溶融、焼却、破砕等）を記入する。
3　別表2
　(1) 乙の担当者は、複数記入してもよい。
　(2) 文書の伝達方法を複数選択する場合は、数字等により優先順位を示す。

■資料2 ［処分用］産業廃棄物処理委託契約書の例

[処 分 用]
産業廃棄物処理委託契約書*

平成 30 年 4 月 1 日

収入印紙

排出事業者（甲）

　　住　所　　大阪府○○市○○町3-20

　　氏　名　　誠実建設株式会社　代表取締役　誠実　太郎　　㊞
　　　　　　　（法人にあっては名称及び代表者の氏名）

処分業者（乙）

　　住　所　　岡山県○○市○○町2-1

　　氏　名　　株式会社あんしん処理　代表取締役　安心　三郎　㊞
　　　　　　　（法人にあっては名称及び代表者の氏名）

　　処分業許可番号　　　33000××△△　　　（許可都道府県政令市名）（　岡山県　）

> 処分に関する許可証の写しを契約書に添付しなければなりません

　上記排出事業者甲（以下「甲」という。）と処分業者乙（以下「乙」という。）は、甲の事業場から排出される産業廃棄物又は特別管理産業廃棄物（以下「廃棄物」という。）の処分に関して、次のとおり契約を締結する。甲と乙とは、本書を2通作成し、それぞれ記名押印の上、その1通を保有する。

（乙の事業範囲及び許可証の添付）
第1条　乙の事業範囲は別表1のとおりであり、乙の事業範囲を証するものとして、許可証の写しを添付する。なお、許可事項に変更があったときは、乙は、速やかにその旨を甲に通知するとともに、変更後の許可証の写しを本書に添付する。

（廃棄物の種類、数量、金額及びその他適正処理に必要な情報の提供）
第2条　甲が、乙に処分を委託する廃棄物の種類、予定数量及び合計予定金額は、別表1のとおりとする。委託する廃棄物に石綿含有産業廃棄物（工作物の新築、改築又は除去に伴って生じた産業廃棄物であって、石綿をその重量の0.1％を超えて含有するもの。ただし、特別管理産業廃棄物である廃石綿等を除く。）が含まれる場合には、その旨を別表1の廃棄物の種類欄に併せて記入する。
2　甲の委託する廃棄物の荷姿、性状その他適正処理に必要な情報は、契約書別紙1の別表「廃棄物データシート（WDS）」のとおりとする。ただし、両者協議の上で別途、「廃棄物データシート」以外の簡易な書式による情報提供を行う場合は、その書式に記載した内容のとおりとする。
3　甲は、処分を委託する廃棄物が、廃棄物の処理及び清掃に関する法律施行令第2条の4第1項第5号から第11号までに規定する特別管理産業廃棄物に該当するおそれがあるときは、本契約期間内に、別表2の上欄の廃棄物について、その下欄に定めるとおり、公的検査機関又は環境計量証明事業所において「産業廃棄物に含まれる金属等の検定方法」（昭和48年環境庁告示第13号）その他による試験を行い、分析証明書を乙に提出しなければならない。
4　甲は、本条第2項及び第3項で提供した情報に変更が生じた場合は、当該廃棄物の引渡しの前に、別表3に記載の方法により乙に変更後の情報を提供しなければならない。なお、情報の提供を要する変更の範囲については、甲と乙とであらかじめ協議の上で定めることとする。

（処分料金及び支払い）
第3条　甲の委託する廃棄物の処分業務に関する契約金額（以下「契約単価」という。）は、別表1のとおりとする。ただし、これによりがたい場合は、甲乙合意の上で、1回あたりの契約単価にすることができる。
2　甲は、産業廃棄物管理票（以下「マニフェスト」という。）の写しの受領等により、乙が廃棄物を確実に処分したことを確認したときに、乙に処分料金を支払う。

（収集運搬業者）

---

*東京都の産業廃棄物処理委託モデル契約書（http://www.kankyo.metro.tokyo.jp/resource/industrial_waste/on_waste/commission/contract_commission.html）に加筆して作成。

■資料2 [処分用] 産業廃棄物処理委託契約書の例

第4条 別表1に記載する乙の事業場へ搬入する収集運搬業者を次のとおりとする。（収集運搬業者又は積込み場所若しくは荷下ろし場所が多数となる場合は別途書面を作成し添付する。）

収集運搬業者名 <u>信頼運搬サービス株式会社</u>　　住所 <u>兵庫県○○市○○町1－1</u>

収集運搬業許可番号 （積込み場所）<u>28000●●●●</u>　　（荷下ろし場所）<u>33000●●●●</u>
（許可都道府県政令市名）（ <u>兵庫県</u> ）　　　　　　　　　（ <u>岡山県</u> ）

（保管）
第5条 乙は、甲から委託された廃棄物の保管を行う場合は、廃棄物の処理及び清掃に関する法律（昭和45年法律第137号。関連する政令及び省令を含む。以下「法令等」という。）で定める保管基準を遵守し、かつ、第8条第1項で定める契約期間内に確実に処分できる範囲で行う。

（マニフェスト）
第6条 甲は、廃棄物の搬出の都度、マニフェストに必要事項を記載した後、A（排出事業者保管）票を除いて収集運搬業者に交付する。
2 乙は、廃棄物の搬入の都度、収集運搬業者からマニフェストの回付を受ける。
3 乙は、廃棄物の処分終了の都度、マニフェストに必要事項を記載し、D（処分終了）票を処分終了日から10日以内に甲に送付し、C2（処分終了）票を収集運搬業者に送付するとともに、C1（処分業者保管）票を5年間保存する。
4 乙は、本契約に係る廃棄物の最終処分が終了した旨が記載されたマニフェストの写しの送付を受けたときは、甲から交付されたマニフェストのE（最終処分終了）票に最終処分の場所の所在地及び最終処分を終了した年月日を記入するとともに、そのマニフェストに係るすべての中間処理産業廃棄物について最終処分が適正に終了したことを確認のした後、10日以内にE（最終処分終了）票を甲に送付する。
5 甲は、乙から送付されたD（処分終了）票及びE（最終処分終了）票を、A（排出事業者保管）票、B2（運搬終了）票とともに5年間保存する。

（最終処分に係る情報）
第7条 当該廃棄物に係る最終処分の場所の所在地（住所、地名、施設の名称など）、最終処分の方法及び施設の処理能力は、別表1の最終処分欄のとおりとする。
2 甲は、乙と最終処分業者等との間で交わしている処理委託契約書、マニフェスト（又は受領書等）及び許可証の写し等により、本条第1項に定める事項の確認を行うこととする。
3 別表1に記載する最終処分の場所等に変更が生じた際は、乙は遅滞なく甲に通知し、必要な情報を本書に添付しなければならない。

（契約期間及び保存）
第8条 この契約の有効期間は、<u>30</u>年 <u>4</u>月 <u>1</u>日から <u>30</u>年 <u>9</u>月 <u>30</u>日までとする。
2 甲及び乙は、契約書及び契約書に添付される書面を契約の終了後5年間保存する。

（法令等の遵守）
第9条 乙は、法令等、関係法令及び行政指導等を遵守して、廃棄物の処分を行わなければならない。甲もまた、排出事業者として法令等を遵守しなければならない。

（甲の義務と責任）
第10条 甲は、乙から要求があった場合は、第2条各項によるもののみならず、処分を委託する廃棄物の種類、数量、性状（形状、成分、有害物質の有無及び臭気）、荷姿、取り扱う際に注意すべき事項等の必要な情報を速やかに乙に通知しなければならない。
2 甲は、委託する廃棄物の処分に支障を生じさせるおそれのある物質が混入しないようにしなければならない。万一混入したことにより乙の業務に重大な支障を生じ、又は生ずるおそれのあるときは、乙は、委託物の引き取りを拒むことができる。乙の業務に支障を生じた場合、甲は、処分料金の支払い義務を免れず、他に損害が生じたときは、その賠償の責にも任ずるものとする。

（乙の義務と責任）
第11条 乙は、甲から委託された廃棄物を、乙の事業場における受入れから処分の完了まで、法令等に基づき適正に処理しなければならない。この間に発生した事故については、甲の責に帰すべき場合を除き、乙が責任を負う。
2 乙は甲から委託された業務が終了した後、直ちに業務終了報告書を作成し、甲に提出しなければなら

■資料2 ［処分用］産業廃棄物処理委託契約書の例

ない。ただし、業務終了報告書は、マニフェストD（処分終了）票をもって代えることができる。
3　乙はやむを得ない事由があるときは、甲の了解を得て、一時業務を停止することができる。この場合、乙は甲にその事由を説明し、かつ甲における影響が最小限となるようにしなければならない。

（業務の調査等）
第12条　甲は、この契約に係る乙の廃棄物の処分が法令等の定めに基づき、適正に行われているかを確認するため、乙に対して、当該処分の状況に係る報告を求めることができる。
2　甲は、乙に対し、予告無く処分施設における廃棄物の処分状況等を調査することができる。この場合、乙はその状況について適切な説明をしなければならない。

（再委託の禁止）
第13条　乙は、甲から委託された廃棄物の処分業務を他人に委託してはならない。ただし、契約期間中に施設の故障等真にやむを得ない理由により、処分業務を他人に委託せざるを得ない事由が生じた場合、乙は、法令等で定める再委託基準に従い、あらかじめ甲からの書面による承諾を得て、処分業務を再委託することができる。

> 再委託の方法などは、4-5を参照してください

（内容の変更）
第14条　甲及び乙は、契約期間、予定数量及び最終処分の場所の変更等については、甲乙協議の上で、変更内容を書面で定め、その書面を本書に添付する。

（機密保持）
第15条　甲及び乙は、この契約に関連して、業務上知り得た相手方に係る機密事項を第三者に漏らしてはならない。

（契約の解除）
第16条　甲又は乙は、この契約の当事者がこの契約の条項のいずれか又は法令等の規定に違反するとき、又は甲乙の合意があったときは、この契約を解除することができる。
2　前項の規定によりこの契約を解除するにあたって、この契約に基づき甲から引渡しを受けた廃棄物の処分を乙が完了していないときは、当該廃棄物を甲乙双方の責任で処理した後でなければこの契約は解除できない。
3　乙は、甲が第2条各項又は第10第1項の規定により提供した情報により、廃棄物の処分を適正に行なうことが出来ないと判断した場合は、甲に対し、契約の変更又は解除を申し出なければならない。この場合において、甲は乙に当該廃棄物を引き渡してはならない。

（協議）
第17条　甲及び乙は、この契約に定めのない事項又はこの契約の各条項に関する疑義が生じたときは、関係法令の定めに基づき、誠意をもって協議の上で、これを決定する。

> 委託契約が解除されても、産業廃棄物は残り続けますので、事前に契約でその場合の対処方針を決めておきます

資料　委託契約書など

■資料2 ［処分用］産業廃棄物処理委託契約書の例

別表1（第1条、第2条、第3条、第4条、第7条関係）

廃棄物の種類 （産業廃棄物データシート番号）	契約単価（円）	予定数量 (口：運賃(月))	乙の事業範囲			最終処分	
			処分方法	処理能力又は埋立容量	施設の所在地	右欄の番号	
廃プラスチック類	3,000円 (kg･ｍ³･t)	4 (kg･ｍ³･t)	破砕	100t／日	岡山県○○市 ○○町2-1	①	(日/月)
ガラスくず	5,000円 (kg･ｍ³･t)	10 (kg･ｍ³･t)				②	(日)
かれき類	5,000円 (kg･ｍ³･t)	20 (kg･ｍ³･t)				②	(日)
( )	(kg･ｍ³･t)	(kg･ｍ³･t)					
( )	(kg･ｍ³･t)	(kg･ｍ³･t)					
( )	(kg･ｍ³･t)	(kg･ｍ³･t)					
契約期間中の 合計予定金額	960,000 円		契約期間は第8条記載のとおり				

> 単価や数量はあくまでも予定なので、契約書に定めた数量以上を委託できないわけではありませんが、実際に委託した量と、契約書で定めた量に著しい差がある場合は、適切な委託契約とみなされない場合があります。

最終処分に関するデータ情報

① 安定型埋立 （許可品目 廃プラスチック類
加湿）
所在地（住所、施設名等）
広島県○○市○○1-1
（許可番号 ○○×○○）
方法　　埋立　　（許可期限 28年11月1日）
処理能力　50万m³

② 管理埋立 （許可品目 廃プラスチック類）
所在地（住所、施設名等）
山口県○○市□□町1-1
方法　　埋立　　（許可番号 ××○○△△）
処理能力　45万m³（許可期限 27年4月1日）

③ （安定・管理・遮断・再生・他）
所在地（住所、施設名等）
（　　　　　　　　　　　　　　）
方法
（許可番号　　　　　　　）
処理能力
（許可期限　　　　　　　）

④ （安定・管理・遮断・再生・他）
所在地（住所、施設名等）
（　　　　　　　　　　　　　　）
方法
（許可番号　　　　　　　）
処理能力
（許可期限　　　　　　　）

備考
委託する廃棄物に石綿含有産業廃棄物（工作物の新築、改築又は除去に伴って生じた廃棄物であって、石綿をその重量の0.1％を超えて含有するもの。ただし、特別管理産業廃棄物である廃石綿等を除く。）が含まれる場合、その旨を該当する廃棄物の種類記載欄に記入する。
なお、石綿含有産業廃棄物に該当するものは破砕することができない。

■資料2 [処分用] 産業廃棄物処理委託契約書の例

※今回の事例では記載不要

別表2（第2条、第10条関係）

廃棄物の種類			
提示する時期又は回数			

別表3（第2条関係）

廃棄物情報に変更があった場合の情報文書（廃棄物データシート及び分析証明書）の伝達方法	
甲の担当者所属氏名及び連絡先	別紙［廃棄物データシート］のとおり
乙の担当者所属氏名	○○課 ○× □□
文書の伝達方法及び伝達先 （該当欄にチェック）	☑FAX（ 000 － ××× － △△△ ） □e-mail（ ＠ ） □郵送（〒 － ）
緊急時の連絡先	06 － ××× － ×××　（代表 (直通) 内線）
営業時間	8：00 ～ 18：00
休業日	日曜日・祝日

記入上の注意事項
1　別表1
(1) 廃棄物の種類ごとに廃棄物データシートを作成し、該当するデータシート番号を別表1の廃棄物の種類欄の（　）内に記入する。
(2) 委託する廃棄物に石綿含有産業廃棄物が含まれる場合、該当する廃棄物の種類欄に、その旨を記入する。
(3) 産業廃棄物の種類ごとに契約単価が異ならない場合は、かっこ括りで記入してもよい。
(4) 契約単価欄は、該当する単位に○印を付ける。なお、1回あたりの契約単価の場合は、「××円／回（18リットルポリタンク）」のように記入してもよい。
(5) 予定数量欄は、該当する単位に○印を付ける。また、予定数量は「××～△△」のように記入してもよい。
(6) 乙の事業の範囲については、産業廃棄物の種類ごとの処理方法、処理能力等を記入する。処理能力には、必ず単位を明記すること。また、最終処分欄は、施設所在地、最終処分の方法及び処理能力（埋立面積、埋立容量等）を記入する。
2　別表2
　　第2条第3項の分析証明書の提示については、法令上定められているもののほか、委託する廃棄物によって必要と認められる場合に提示するものについても記入することができる。
3　別表3
(1) 乙の担当者は、複数記載してもよい。
(2) 文書の伝達方法を複数選択する場合は、数字等により優先順位を示す。

資料　委託契約書など

資料3 ［収集運搬・処分用］産業廃棄物処理委託契約書の例

［収集運搬・処分用］
産業廃棄物処理委託契約書＊

平成 30 年 4 月 1 日

収入印紙

排出事業者（甲）

　住　所　大阪府○○市○○町3-20
　氏　名　誠実建設株式会社　代表取締役　誠実　太郎　㊞
　　　　　（法人にあっては名称及び代表者の氏名）

収集運搬・処分業者（乙）

　住　所　岡山県○○市●●町10-1
　氏　名　株式会社かんきょう　代表取締役　環境　太郎　㊞
　　　　　（法人にあっては名称及び代表者の氏名）

乙の事業範囲

　　　　　　　　　　　（積込み場所）　　　　　　　　　　　　（荷下ろし場所）
　収集運搬許可番号　　28000●●△△　　　　　　　　　33000●●△△
　　　　（許可都道府県政令市名）　（　兵庫県　）　　　　（　岡山県　）

　許可品目（積込み場所・荷下ろし場所に共通の許可品目のみ丸で囲む）

燃え殻	汚泥	廃油	廃酸	廃アルカリ	廃プラスチック類	ゴムくず	金属くず
ガラスくず、コンクリートくず及び陶磁器くず		鉱さい		がれき類	ばいじん	紙くず	木くず
繊維くず	動植物性残さ	動物のふん尿	動物の死体	その他（　　　）			

　特別管理産業廃棄物（　　　　　　　　　　　　　　　　　　　　　　　）

　処分業許可番号　　330□0●●△△　（許可都道府県政令市名）（　岡山県　）

上記排出事業者甲（以下「甲」という。）と収集運搬・処分業者乙（以下「乙」という。）は、甲の事業場から排出される産業廃棄物又は特別管理産業廃棄物（以下「廃棄物」という。）の収集運搬及び処分に関して、次のとおり契約を締結する。甲と乙とは、本書を2通作成し、それぞれ記名押印の上、その1通を保有する。

（乙の事業範囲及び許可証の添付）
第1条　乙の事業範囲は上記及び別表1のとおりであり、乙の事業範囲を証するものとして、許可証の写しを添付する。なお、許可事項に変更があったときは、乙は、速やかにその旨を甲に通知するとともに、変更後の許可証の写しを本書に添付する。

（廃棄物の排出事業場、種類、数量、金額及びその他適正処理に必要な情報の提供）
第2条　甲が、乙に収集運搬を委託する廃棄物の排出事業場、種類、予定数量及び合計予定金額は、別表1のとおりとする。委託する廃棄物に石綿含有産業廃棄物（工作物の新築、改築又は除去に伴って生じた産業廃棄物であって、石綿をその重量の0.1％を超えて含有するもの。ただし、特別管理産業廃棄物である廃石綿を除く。）が含まれる場合には、その旨を別表1の廃棄物の種類欄に併せて記入する。
2　甲の委託する廃棄物の荷姿、性状その他適正処理に必要な情報は、別表1別紙「廃棄物データシート（WDS）」のとおりとする。ただし、両者協議の上で別途、「廃棄物データシート」以外の簡易な書式による情報提供を行う場合は、その書式に記載した内容のとおりとする。
3　甲は、処分を委託する廃棄物が、廃棄物の処理及び清掃に関する法律施行令第2条の4第1項第5号

> 収集運搬と処分の両方に関する許可証の写しを契約書に添付しなければなりません

＊東京都の産業廃棄物処理委託モデル契約書（http://www.kankyo.metro.tokyo.jp/resource/industrial_waste/on_waste/commission/contract_commission.html）に加筆して作成。

資料3 ［収集運搬・処分用］産業廃棄物処理委託契約書の例

から第11号までに規定する特別管理産業廃棄物に該当するおそれがあるときは、本契約期間内に、別表2の上欄の廃棄物について、その下欄に定めるとおり、公的検査機関又は環境計量証明事業所において「産業廃棄物に含まれる金属等の検定方法」（昭和48年環境庁告示第13号）その他による試験を行い、分析証明書を乙に提出しなければならない。

4 甲は、本条第2項及び第3項で提供した情報に変更が生じた場合は、当該廃棄物の引渡しの前に、別表3に記載の方法により乙に変更後の情報を提供しなければならない。なお、情報の提供を要する変更の範囲については、甲と乙とであらかじめ協議の上で定めることとする。

（収集運搬・処分料金及び支払い）
第3条 甲の委託する廃棄物の収集運搬業務及び処分業務に関する契約金額（以下「契約単価」という。）は、別表1のとおりとする。ただし、これによりがたい場合は、甲乙合意の上で、1回あたりの契約単価にすることができる。

2 甲は、産業廃棄物管理票（以下「マニフェスト」という。）の写しの受領等により、乙が廃棄物を確実に運搬・処分したことを確認したときに、乙に料金を支払う。

（保管）
第4条 乙は、甲から委託された廃棄物の保管を行う場合は、廃棄物の処理及び清掃に関する法律（昭和45年法律第137号。関連する政令及び省令を含む。以下「法令等」という。）に定める保管基準を遵守し、かつ、第7条第1項に定める契約期間内に確実に処分できる範囲で行う。

（マニフェスト）
第5条 甲は、廃棄物の搬出の都度、マニフェストに必要事項を記載し、A（排出事業者保管）票を除いて乙に交付する。

2 乙は、廃棄物を乙の事業場に搬入の都度、B1（収集運搬業者保管）票、B2（運搬終了）票に必要事項を記載し、B2（運搬終了）票を運搬終了日から10日以内に甲に送付するとともにB1（収集運搬業者保管）票を保管する。また処分が完了したときは、乙はC1（処分業者保管）票及びD（処分終了）票に必要事項を記載した後、D（処分終了）票を処分終了日から10日以内に甲に送付するとともに、C1（処分業者保管）票を5年間保存する。

3 乙は、本契約に係る廃棄物の最終処分が終了した旨が記載されたマニフェストの写しの送付を受けたときは、甲から交付されたマニフェストのE（最終処分終了）票に最終処分の場所の所在地及び最終処分を終了した年月日を記入するとともに、そのマニフェストに係るすべての中間処理産業廃棄物について最終処分が適正に終了したことを確認した後、10日以内にE（最終処分終了）票を甲に送付する。

4 甲は、乙から送付されたB2（運搬終了）票、D（処分終了）票及びE（最終処分終了）票を、A（排出事業者保管）票とともに5年間保存する。

（最終処分に係る情報）
第6条 当該廃棄物に係る最終処分の場所の所在地（住所、地名、施設の名称など）、最終処分の方法及び施設の処理能力は、別表1の最終処分欄のとおりとする。

2 甲は、乙と最終処分業者等との間で交わしている処理委託契約書、マニフェスト（又は受領書等）及び許可証の写し等により、本条第1項に係る事項の確認を行うこととする。

3 別表1に記載する最終処分の場所等に変更が生じた際は、乙は遅滞なく甲に通知し、必要な情報を本書に添付しなければならない。

（契約期間及び保存）
第7条 この契約の有効期間は、 30 年 4 月 1 日から 30 年 9 月 30 日までとする。

2 甲及び乙は、契約書及び契約書に添付される書面を契約の終了後5年間保存する。

（法令等の遵守）
第8条 乙は、法令等、関係法令及び行政指導等を遵守して、廃棄物の収集運搬及び処分を行わなければならない。甲もまた、排出事業者として法令等を遵守しなければならない。

（甲の義務と責任）
第9条 甲は、乙から要求があった場合は、第2条各項によるもののみならず、収集運搬・処分を委託する廃棄物の種類、数量、性状（形状、成分、有害物質の有無及び臭気）、荷姿、取り扱う際に注意すべき事項等の必要な情報を速やかに乙に通知しなければならない。

2 甲は、委託する廃棄物の処分に支障を生じさせるおそれのある物質が混入しないようにしなければならない。万一混入したことにより乙の業務に重大な支障を生じ、又は生ずるおそれのあるときは、乙は、委託物の引き取りを拒むことができる。乙の業務に支障を生じた場合、甲は、処分料金の支払い義務を免れず、他に損害が生じたときは、その賠償の責にも任ずるものとする。

資料３　［収集運搬・処分用］産業廃棄物処理委託契約書の例

（乙の義務と責任）
第10条　乙は、甲から委託された廃棄物を、その積込み作業の開始から乙の事業場における処分の完了まで、法令等に基づき適正に処理しなければならない。この間に発生した事故については、甲の責に帰すべき場合を除き、乙が責任を負う。
2　乙は甲から委託された業務が終了した後、直ちに業務終了報告書を作成し、甲に提出しなければならない。ただし、業務終了報告書は、マニフェストのD（処分終了）票をもって代えることができる。
3　乙はやむを得ない事由があるときは、甲の了解を得て、一時業務を停止することができる。この場合、乙は甲にその事由を説明し、かつ甲における影響が最小限となるようにしなければならない。

（業務の調査等）
第11条　甲は、この契約に係る乙の廃棄物の処理が法令等の定めに基づき、適正に行われているかを確認するため、乙に対して、当該処理の状況に係る報告を求めることができる。
2　甲は、乙に対し、予告無く処分施設における廃棄物の処分状況等を調査することができる。この場合、乙はその状況について適切な説明をしなければならない。

（再委託の禁止）
第12条　乙は、甲から委託された廃棄物の収集運搬・処分業務を他人に委託してはならない。ただし、契約期間中に収集運搬業務にあっては車両が故障した場合等、処分業務にあっては施設の故障等真にやむを得ない理由により、業務を他人に委託せざるを得ない事由が生じた場合は、乙は、法令等で定める再委託基準に従い、あらかじめ甲からの書面による承諾を得て、業務を再委託することができる。

> 再委託の方法などは、4-5を参照してください

（内容の変更）
第13条　甲及び乙は、契約期間、予定数量及び最終処分の場所の変更等については、甲乙協議の上で、変更内容を書面で定め、その書面を本書に添付する。

（機密保持）
第14条　甲及び乙は、この契約に関連して、業務上知り得た相手方に係る機密事項を第三者に漏らしてはならない。

（契約の解除）
第15条　甲又は乙は、この契約の当事者がこの契約の条項のいずれか又は法令等の規定に違反するとき、又は甲乙の合意があったときは、この契約を解除することができる。
2　前項の規定によりこの契約を解除するにあたって、この契約に基づき甲から引渡しを受けた廃棄物の処理を乙が完了していないときは、当該廃棄物を甲乙双方の責任で処理した後でなければこの契約は解除できない。
3　乙は、甲が第２条各項又は第９条第１項の規定により提供した情報により、廃棄物の収集運搬又は処分を適正に行なうことが出来ないと判断した場合は、甲に対し、契約の変更又は解除を申し出なければならない。この場合において、甲は乙に当該廃棄物を引き渡してはならない。

（協議）
第16条　甲及び乙は、この契約に定めのない事項又はこの契約の各条項に関する疑義が生じたときは、関係法令の定めに基づき、誠意をもって協議の上で、これを決定する。

> 委託契約が解除されても、産業廃棄物は残り続けますので、事前に契約でその場合の対処方針を決めておきます

資料3 ［収集運搬・処分用］産業廃棄物処理委託契約書の例

別表1（第1条、第2条、第3条、第6条関係）

排出事業場番号	排出事業場名称	排出事業場所在地及び連絡先	排出する廃棄物の種類
1	○○工事現場	兵庫県○○市○○町△△ 06-0000-0000	廃プラスチック・がれき類
2	××工事現場	兵庫県×市××町△△ 06-0000-0000	同上
3			

排出事業場番号	産業廃棄物の種類（廃棄物情報データシート番号）	契約単価（円）		予定数量（t・㎥・個）	処分方法	乙の事業範囲		最終処分先の概要
		収集運搬	処分			処理能力又は埋立容量	施設の所在地	
1.2	廃プラスチック	5,000円 (kg・t・㎥)	3,000円 (kg・t・㎥)	4 (kg・t・㎥)	破砕	50t／日	岡山県○○市●●町10-1	最終処分に関する情報 ① 安定型埋立（許可品目 廃プラスチック） 所在地、施設名等 岡山県○○市○○1-1 方法 埋立 処理能力又は埋立容量 505㎥ （許可番号 ○○○○○○○） （許可期限 22年10月1日） ② 管理型埋立（許可品目 廃プラスチック・がれき類） 所在地、施設名等 広島県○○市□□町1-1 方法 埋立 処理能力又は埋立容量 45㎥ （許可番号 ○○○○○○） （許可期限 25年1月1日） ③（安定・管理・遮断・再生・他） 所在地、施設名等 方法 処理能力 （許可番号） （許可期限） ④（安定・管理・遮断・再生・他） 所在地、施設名等 方法 処理能力 （許可番号） （許可期限）
1.2	ガラスくず	5,000円	5,000円	10				
1.2	がれき類	7,000円	5,000円	20				
( )		( )	( )	( )				

収集運搬・処分別の予定金額	1,260,000円	96,000円
契約期間中の合計予定金額	2,220,000円	契約期間は第7条記載のとおり

> 単価や数量はあくまでも予定なので、契約書に定めた数量以上を委託できないわけではありませんが、実際に数量にに著しい差がある場合は、契約書で定めた量とみなされない場合があります。

備考
委託する廃棄物に石綿含有産業廃棄物（工作物の新築、改築又は除去に伴って生じた産業廃棄物であって、石綿をその重量の0.1%を超えて含有するもの。ただし、特別管理産業廃棄物である廃石綿等を除く。）が含まれる場合、その旨を該当する廃棄物の種類欄に記入する。
なお、石綿含有産業廃棄物に該当するものは破砕することができない。

資料3　[収集運搬・処分用]　産業廃棄物処理委託契約書の例

別表2（第2条、第9条関係）

※今回の事例では記載不要

廃棄物の種類			
提示する時期又は回数			

別表3（第2条関係）

廃棄物情報に変更があった場合の情報文書〈廃棄物データシート及び分析証明書〉の伝達方法	
甲の担当者所属氏名及び連絡先	別紙[廃棄物データシート]のとおり
乙の担当者所属氏名	○○部　○山　××
文書の伝達方法及び伝達先 （該当欄にチェック）	☑FAX（　06　－　0000　－　0000　　　　） □e-mail（　　　　　　　＠　　　　　　　　　　） □郵送（〒　　　-　　　　）
緊急時の連絡先	06　－　0000　－　0000　（代表・㊙直通・内線）
営業時間	8：00　～　18：00
休業日	日曜日・祝日

```
記入上の注意事項
 1　乙の事業範囲
  (1) 許可番号欄の（　）内には、当該許可を受けている都道府県政令市の名称を記入する。
  (2) 積込み場所又は荷下ろし場所が複数の都道府県政令市にまたがる場合は、事業範囲の
     記入欄を必要数追加する。
  (3) 許可品目のうち、特別管理産業廃棄物は、種類のみ記入する。
 2　別表1
  (1) 廃棄物の種類ごとに廃棄物データシートを作成し、該当するデータシート番号を別表
     1の廃棄物の種類欄の（　）内に記入する。
  (2) 委託する廃棄物に石綿含有産業廃棄物が含まれる場合、該当する廃棄物の種類欄に、
     その旨を記入する。
  (3) 産業廃棄物の種類ごとに契約単価が異ならない場合は、かっこ括りで記入してもよい。
  (4) 契約単価欄は、該当する単位に○印を付ける。なお、1回あたりの契約単価の場合は、
     「××円／回（18リットルポリタンク）」のように記入してもよい。
  (5) 予定数量欄は、該当する単位に○印を付ける。また、予定数量は、「××～△△」の
     ように記入しても良い。
  (6) 乙の事業の範囲については、この契約に係る事項のみ記入する。産業廃棄物の種類ご
     との処理方法、処理能力等を記入する。処理能力には、必ず単位を明記すること。また、
     最終処分欄は、施設所在地、最終処分の方法及び処理能力（埋立面積、埋立容量等）を
     記入する。
 3　別表2
    第2条第3項の分析証明書の提示については、法令上定められているもののほか、委託
   する廃棄物によって必要と認められる場合に提示するものについて、記入することがで
   きる。
 4　別表3
  (1) 乙の担当者は、複数記入してもよい。
  (2) 文書の伝達方法を複数選択する場合は、数字等により優先順位を示す。
```

資料4 再委託承諾願のサンプル（受託者●●から委託者に提出するもの）

平成〇〇年〇月〇日

再委託承諾願

（委託者）
△△株式会社
　代表取締役　〇〇　〇〇　様

（受託者）
株式会社●●
　代表取締役　××　××

　当社が御社より受託した産業廃棄物の一部を、下記に記載した事情により、株式会社□□に再委託したいと存じますので、平成〇年〇月〇日付けで締結した産業廃棄物処理委託契約第〇条の規定に基づき、別紙「再委託承諾書」により書面による承諾をお願い申し上げます。

　なお、再受託者□□は、〇〇県の産業廃棄物処理業の許可を有しており、再委託先として適切な能力を有していることを確認済みです。

記

1　再委託する理由
　　_____

2　再委託先
　　（氏名又は名称）
　　_____
　　（法人の場合は代表者氏名）
　　_____
　　（住所）
　　_____
　　（許可番号）
　　_____

3　再委託する産業廃棄物の種類及び数量
　　_____

資料5 再委託承諾書のサンプル（委託者から受託者●●への返事）

再委託承諾書

　△△株式会社（以下「甲」という）は、株式会社●●（以下「乙」という）に処理を委託した産業廃棄物に関し、平成〇年〇月〇日付けで締結した産業廃棄物処理委託契約第〇条の規定に基づき、乙が株式会社□□（以下「丙」という）に産業廃棄物の処理を再委託することを承諾します。

1　甲が乙（受託者）に委託した産業廃棄物の種類及び数量

　　――――――――――――――――――――――――

2　乙（受託者）の名称、住所及び許可番号
　　（名称）　株式会社●●
　　　　　　　　代表取締役　××　××
　　（住所）
　　（許可番号）

3　承諾の年月日
　　平成〇年〇月〇日

4　丙（再受託者）の名称、住所及び許可番号
　　（名称）　株式会社□□
　　　　　　　　代表取締役　□□　△△
　　（住所）
　　（許可番号）

　　　　　　　　　　　　　　　　平成19年〇月〇日
　　　　　　　　　　　　　　　　△△株式会社
　　　　　　　　　　　　　　　　代表取締役　〇〇〇〇　印

◆参考文献

- 環境省「産業廃棄物の排出及び処理状況等（平成27年度実績）」
- 公益社団法人全国産業資源循環連合会「産業廃棄物ガイドブック」
- 日本産業廃棄物処理振興センター「平成19年度　産業廃棄物又は特別管理産業廃棄物処理業の許可申請に関するテキスト」
- 中央環境審議会廃棄物・リサイクル部会廃棄物処理基準等専門委員会（第6回）議事次第・資料
- 北海道バイオマスネットワーク会議生ごみ等食品系廃棄物利活用検討部会「生ごみ等食品系廃棄物利活用検討結果報告書」
- 環境省「平成19年版環境・循環型社会白書」
- 宮城県、宮城県産業廃棄物協会「産業廃棄物処理委託ルールブック」
- 東京都ホームページ　廃棄物データシート記載例
- 産業構造審議会環境部会廃棄物・リサイクル小委員会「排出事業者のための廃棄物・リサイクルガバナンスガイドライン」
- 公益社団法人全国産業資源循環連合会「マニフェストシステムがよくわかる本」
- 経済産業省「排出事業者のための廃棄物・リサイクルガバナンス」
- 日本産業廃棄物処理振興センターホームページ　学ぼう産廃　産廃知識（http://www.jwnet.or.jp/waste/）
- 環境省ホームページ　廃棄物の処理及び清掃に関する法律の一部を改正する法律の概要
- 日報アイ・ビー「週刊循環経済新聞」2010年2月1日号
- 環境省ホームページ　産業廃棄物管理票に関する報告書（様式）
- 経済産業省ホームページ　廃棄物・リサイクルガバナンス事例集
- 環境省「産業廃棄物処理業者の優良性の判断に係る評価制度及び評価基準について（報告）」
- 環境省「平成18年度産業廃棄物処理業の将来像等の検討に関する調査結果」
- 経済産業省「排出事業者のための廃棄物・リサイクルガバナンスガイドライン」
- 環境省「産業廃棄物処理業者の優良性の判断に係る評価制度の解説」
- 環境省「産業廃棄物の不法投棄等の状況（平成28年度）」
- 環境省「平成19年版環境・循環型社会・生物多様性白書」
- 環境省「産業廃棄物処理施設の設置、産業廃棄物処理業の許可等に関する状況（平成27年度実績）」
- 中央労働災害防止協会ホームページ　労働災害分析データ　産業廃棄物
- 厚生労働省「労働災害動向調査」
- 厚生労働省ホームページ　「労働者死傷病報告」による業種別・事故の型別死傷災害発生状況
- 厚生労働省ホームページ　「労働者死傷病報告」による業種別・起因物別死傷災害発生状況
- 環境省「特定有害廃棄物等の輸出入等の規制に関する法律の施行状況（平成29年）」
- 農林水産省ホームページ　食品リサイクル法について
- 自動車再資源化協力機構「自動車リサイクル法　第3回全国説明会　配付資料」

索引 INDEX

■ 数字・アルファベット

2017年改正法	144
3R	226
GPSシステム	201
ICタグ	83
ICチップ	201
ISO14001	181
JESCO	224
MSDS	99
OSHMS	209
PCB	86
PCB汚染物	16
PCB処理物	16
PCB特措法	224
PCB特別措置法	86
PCB廃棄物処理施設	224
RPF	65
SS	41
WDS	99

■ ア行

青森・岩手不法投棄事件	196
アスファルト合材	81
アスベスト	84
圧縮式破砕機	33
アルミ缶	229
安定化	24
安定型最終処分場	46, 48
安定型産業廃棄物	97
安定型処分場	210
安定型品目	48
委託基準	92
委託契約書	94, 172, 240
委託者が払う処理料金	104
委託数量	103
一次マニフェスト	115
一般廃棄物	10
鋳物砂	79
ウエス	70
請負契約書	137
埋め戻し材	59
エアバッグ	236
エコアクション21	181
遠心脱水機	35, 58
王水	75
大型コンテナ	31
オートクレーブ	83
汚泥	13, 16, 58
汚泥吸引車	29
汚泥吸排車	29
温室効果ガス排出量	214

■ カ行

加圧脱水機	58
加圧浮上分離	41
会社情報	175
改善命令	169
回転式破砕機	32
化学物質安全性データシート	99
拡大生産者責任	236
ガス化	65
家庭用エアコン	230

家電リサイクル法	230	許可内容	175
カネミ油症事件	224	金属回収	75
紙くず	13, 14, 66	金属くず	13, 74
紙製容器包装	229	金属としては再生利用できない部品	149
紙パック	229	グループ企業による廃棄物処理の特例	145
紙マニフェスト	127	経営財務	175
ガラスくず	13, 76	ケイ砂	79
ガラス原料	76	軽犯罪法違反等の罪名別検察庁新規受理人員の推移	198
ガラスびん	229		
がれき類	13, 80	ケミカルリサイクル	65
カレット	76	嫌気性菌	73
環境基本計画	219	建設工事に係る資材の再資源化等に関する法律	232
環境基本法	218		
環境保全への取り組み	181	建設廃棄物保管場所の事前届出	138
還元熱化学分解法	87	建設リサイクル法	68, 232
監視型	200	現地確認	162
乾式選別機	38	減量化量	21
感染性産業廃棄物	16	高圧蒸気滅菌装置	83
感染性廃棄物	82	公害国会	218
感染性廃棄物容器	31	鉱さい	13, 16, 78
乾熱滅菌装置	83	更新許可	204
管理型最終処分場	47, 52	高速回転式破砕機	32
管理型処分場	210	小売業者	230
機械式ストーカ炉	36	高炉原料化	65
貴金属	75	コークスベッド式溶融炉	44
木くず	13, 14, 68	コークス炉化学原料化	65
岐阜市不法投棄事件	186	固化	42
擬木	71	固形燃料化	65, 67
凝集沈殿分離	41	固定式火格子炉	36
行政指導	168	ゴムくず	13
行政処分	168	コンクリートくず	13, 76
強度率	208	コンクリート固化	42, 57
許可証	167	混合物	121

■ サ行

サーマルリサイクル・・・・・・・・・・・・・・・・・ 65
再委託・・・・・・・・・・・・・・・・・・・・・・・・・・・・ 106
再委託承諾書・・・・・・・・・・・・・・・・・・・・・ 106
再委託承諾願・・・・・・・・・・・・・・・・・・・・・ 106
最終処分・・・・・・・・・・・・・・・・・・・・・・・・・・ 46
最終処分場・・・・・・・・・・・・・・・・・・・・・・・・ 24
最終処分量・・・・・・・・・・・・・・・・・・・・・・・・ 21
再生骨材・・・・・・・・・・・・・・・・・・・・・・・・・・ 81
再生砕石・・・・・・・・・・・・・・・・・・・・・・・・・・ 81
再生資源の利用の促進に関する法律 ・・・ 226
再生資源利用促進法・・・・・・・・・・・・・・・ 226
再生油・・・・・・・・・・・・・・・・・・・・・・・・・・・・ 61
再生利用・・・・・・・・・・・・・・・・・・・・・・・・・ 234
再生利用可能な金属・・・・・・・・・・・・・・・ 149
再生利用業者・・・・・・・・・・・・・・・・・・・・・ 235
再生利用量・・・・・・・・・・・・・・・・・・・・・・・・ 21
再精錬・・・・・・・・・・・・・・・・・・・・・・・・・・・・ 75
再生路盤材・・・・・・・・・・・・・・・・・・・・・・・・ 80
雑品スクラップ・・・・・・・・・・・・・・・・・・・ 149
雑品スクラップの規制・・・・・・・・・・・・・ 145
産業廃棄物・・・・・・・・・・・・・・・・・・・・・・・・ 10
産業廃棄物管理票・・・・・・・・・・・・・ 90, 110
産業廃棄物広域認定 ・・・・・・・・・・・・・・・ 71
産業廃棄物処理委託契約書 ・・・・・・・・・・ 90
産業廃棄物処理業許可の取り消し ・・・・ 206
産業廃棄物処理業者の優良性の判断に係る
評価基準・・・・・・・・・・・・・・・・・・・・・・・ 180
産業廃棄物処理業者優良性評価制度・・・ 180
産業廃棄物処理業の許可件数 ・・・・・・・・ 204
産業廃棄物処理業の廃止届出件数 ・・・・ 205
産業廃棄物処理事業振興財団 ・・・・・・・・ 180
産業廃棄物処理施設許可の取り消し ・・・ 206
産業廃棄物処理施設への命令規定の補足
・・・・・・・・・・・・・・・・・・・・・・・・・・・・・・・ 145
産業廃棄物のリサイクル率・・・・・・・・・ 213
産業廃棄物のリサイクル量・・・・・・・・・ 212
産業廃棄物不法投棄事犯検挙数・・・・・・ 199
酸洗・・・・・・・・・・・・・・・・・・・・・・・・・・・・・・ 63
残存件数・・・・・・・・・・・・・・・・・・・・・・・・・ 195
残存年数・・・・・・・・・・・・・・・・・・・・・・・・・ 210
残存容量・・・・・・・・・・・・・・・・・・・・・・・・・ 210
残存量・・・・・・・・・・・・・・・・・・・・・・・・・・・ 195
資源の有効な利用の促進に関する法律
・・・・・・・・・・・・・・・・・・・・・・・・・・・・・・・ 226
資源有効利用促進法・・・・・・・・・・・ 219, 226
施設および処理の状況・・・・・・・・・・・・・ 175
湿式選別機・・・・・・・・・・・・・・・・・・・・・・・・ 38
指定下水汚泥・・・・・・・・・・・・・・・・・・・・・・ 16
指定再資源化製品・・・・・・・・・・・・・・・・・ 227
自動車リサイクル促進センター・・・・・・ 238
自動車リサイクル法・・・・・・・・・・・・・・・ 236
資本関係・・・・・・・・・・・・・・・・・・・・・・・・・ 152
遮断型最終処分場・・・・・・・・・・・・・・ 47, 50
遮断型処分場・・・・・・・・・・・・・・・・・・・・・ 210
シャットアウト型・・・・・・・・・・・・・・・・・ 200
収集運搬・・・・・・・・・・・・・・・・・・・・・・ 24, 26
重力分離・・・・・・・・・・・・・・・・・・・・・・・・・・ 40
シュレッダーダスト・・・・・・・・・・・・・・・ 236
循環型社会・・・・・・・・・・・・・・・・・・・・・・・ 218
循環型社会形成推進基本計画・・・・・・・・ 219
循環型社会形成推進基本法・・・・・・・・・ 218
遵法性・・・・・・・・・・・・・・・・・・・・・・・・・・・ 180
焼却・・・・・・・・・・・・・・・・・・・・・・ 36, 60, 62
使用済自動車の再資源化等に関する法律
・・・・・・・・・・・・・・・・・・・・・・・・・・・・・・・ 236
情報公開性・・・・・・・・・・・・・・・・・・・・・・・ 180

情報処理センター・・・・・・・・・・・・・・・・・・・ 124
条例・・・・・・・・・・・・・・・・・・・・・・・・・・・・・・ 139
食品関連事業者・・・・・・・・・・・・・・・・・・・・ 234
食品循環資源の再生利用等の促進に関する法律・・・・・・・・・・・・・・・・・・・・・・・・・・・・ 234
食品廃棄物不正転売事件・・・・・・・・・・・・ 144
食品リサイクル法・・・・・・・・・・・・・・・・・・ 234
処理業者による委託者への通知義務の拡大・・・・・・・・・・・・・・・・・・・・・・・・・・・・・・・・ 145
処理困難通知・・・・・・・・・・・・・・・・・・・・・・ 140
処理フロー・・・・・・・・・・・・・・・・・・・・・・・・ 170
飼料化・・・・・・・・・・・・・・・・・・・・・・・・・・・・ 73
磁力選別機・・・・・・・・・・・・・・・・・・・・・・・・ 39
新規許可・・・・・・・・・・・・・・・・・・・・・・・・・・ 204
水銀含有ばいじん等・・・・・・・・・・・・・・・・ 155
水銀使用製品産業廃棄物・・・・・・・・・・・・ 156
水銀に関する水俣条約外交会議・・・・・・ 154
水銀廃棄物・・・・・・・・・・・・・・・・・・・・・・・・ 154
水銀廃棄物管理・・・・・・・・・・・・・・・・・・・・ 159
水熱酸化分解法・・・・・・・・・・・・・・・・・・・・ 86
数量・・・・・・・・・・・・・・・・・・・・・・・・・・・・・・ 120
スチール缶・・・・・・・・・・・・・・・・・・・・・・・・ 229
スラグ・・・・・・・・・・・・・・・・・・・・・・・・・・・・ 78
製紙原料・・・・・・・・・・・・・・・・・・・・・・・・・・ 66
製造業者・・・・・・・・・・・・・・・・・・・・・・・・・・ 230
清掃法・・・・・・・・・・・・・・・・・・・・・・・・・・・・ 220
政令第2条第13号廃棄物・・・・・・・・・・・・ 13
精錬・・・・・・・・・・・・・・・・・・・・・・・・・・・・・・ 74
石油缶・・・・・・・・・・・・・・・・・・・・・・・・・・・・ 30
石けん・・・・・・・・・・・・・・・・・・・・・・・・・・・・ 61
石こうボード・・・・・・・・・・・・・・・・・・・・・・ 77
切断機・・・・・・・・・・・・・・・・・・・・・・・・・・・・ 32
ゼロエミッション運動・・・・・・・・・・・・・・ 70
繊維くず・・・・・・・・・・・・・・・・・・ 13, 14, 70

洗濯機・・・・・・・・・・・・・・・・・・・・・・・・・・・・ 230
せん断力・・・・・・・・・・・・・・・・・・・・・・・・・・ 32
選別・・・・・・・・・・・・・・・・・・・・・・・・・・・・・・ 38
組織体制・・・・・・・・・・・・・・・・・・・・・・・・・・ 175
措置命令・・・・・・・・・・・・・・・・・・・・・・・・・・ 169
粗粒化分離・・・・・・・・・・・・・・・・・・・・・・・・ 41

■ タ行

大規模不法投棄事件・・・・・・・・・・・・・・・・ 197
ダイコー事件・・・・・・・・・・・・・・・・・・・・・・ 144
立入検査・・・・・・・・・・・・・・・・・・・・・・・・・・ 169
脱塩素化分解法・・・・・・・・・・・・・・・・・・・・ 86
脱水・・・・・・・・・・・・・・・・・・・・・・・・・・ 34, 58
脱着装置付コンテナ車・・・・・・・・・・・・・・ 29
多量の産業廃棄物を発生させる事業所設置事業者への電子マニフェストの義務化・・・ 145
タンクローリー・・・・・・・・・・・・・・・・ 26, 29
単式加圧脱水機・・・・・・・・・・・・・・・・・・・・ 34
ダンプ車・・・・・・・・・・・・・・・・・・・・・・・・・・ 28
段ボール・・・・・・・・・・・・・・・・・・・・・・・・・・ 229
地域融和・・・・・・・・・・・・・・・・・・・・・・・・・・ 175
中間処理・・・・・・・・・・・・・・・・・・・・・・・・・・ 24
中間処理施設数・・・・・・・・・・・・・・・・・・・・ 213
中古衣料・・・・・・・・・・・・・・・・・・・・・・・・・・ 70
中和処理・・・・・・・・・・・・・・・・・・・・・・・・・・ 62
帳簿・・・・・・・・・・・・・・・・・・・ 128, 132, 172
超臨界水・・・・・・・・・・・・・・・・・・・・・・・・・・ 87
追跡型・・・・・・・・・・・・・・・・・・・・・・・・・・・・ 201
積み替えあり・・・・・・・・・・・・・・・・・・・・・・ 204
積み替えなし・・・・・・・・・・・・・・・・・・・・・・ 204
低速回転式破砕機・・・・・・・・・・・・・・・・・・ 33
電気アーク炉・・・・・・・・・・・・・・・・・・・・・・ 45
電気抵抗炉・・・・・・・・・・・・・・・・・・・・・・・・ 45
電気溶融炉・・・・・・・・・・・・・・・・・・・・・・・・ 45

電子マニフェスト・・・・・・・124, 127, 147	日本産業廃棄物処理振興センター・・・・124
電子マニフェスト制度・・・・・・・・・・・・・220	熱回収・・・・・・・・・・・・・・・・・・・・・・・・・214
天日乾燥・・・・・・・・・・・・・・・・・・・・・・・58	熱回収施設設置者認定制度・・・・・・・・・215
同一グループ企業・・・・・・・・・・・・・・・151	ネットフェンス・・・・・・・・・・・・・・・・・・・200
陶磁器くず・・・・・・・・・・・・・・・・・・13, 76	燃料式溶融炉・・・・・・・・・・・・・・・・・・・・44
動植物性残さ・・・・・・・・・・・・13, 14, 72	燃料用チップ・・・・・・・・・・・・・・・・・・・・69
動物系固形不要物・・・・・・・・・・・・13, 14	
動物の死体・・・・・・・・・・・・・・・・・13, 14	■ ハ行
動物のふん尿・・・・・・・・・・・・・・・13, 14	バーゼル条約・・・・・・・・・・・・・・・・・・・222
特定家庭用機器再商品化法・・・・・・・・・230	バーゼル法・・・・・・・・・・・・・・・・・・・・・222
特定建設資材・・・・・・・・・・・・・・・・・・232	パーティクルボード・・・・・・・・・・・・・・・68
特定事業者・・・・・・・・・・・・・・・・・・・229	廃PCB・・・・・・・・・・・・・・・・・・・・・・・・16
特定有害産業廃棄物・・・・・・・・・・・・・・16	廃アルカリ・・・・・・・・・・・・・・・13, 16, 62
特定有害廃棄物・・・・・・・・・・・・・・・・222	廃石綿・・・・・・・・・・・・・・・・・・・・・・・・16
特定有害廃棄物等の輸出入等の規制に関する法律・・・・・・・・・・・・・・・・・・・・・・222	バイオエタノール・・・・・・・・・・・・・・・・・69
	バイオディーゼル油・・・・・・・・・・・・・・・61
特別管理一般廃棄物・・・・・・・・・・・・・・11	バイオハザードマーク・・・・・・・・・・・・・・82
特別管理産業廃棄物・・・・・・・11, 15, 99	バイオマス燃料・・・・・・・・・・・・・・・・・・69
特別管理産業廃棄物処理業許可の取り消し・・・・・・・・・・・・・・・・・・・・・・・・・・206	廃家電の再商品化率・・・・・・・・・・・・・230
	廃棄物・・・・・・・・・・・・・・・・・・・・・・・・10
特別管理廃棄物・・・・・・・・・・・・・・・・・10	廃棄物処理制度専門委員会・・・・・・・・・163
特別管理廃棄物制度・・・・・・・・・・・・・220	廃棄物処理法・・・・・・・・・90, 218, 220
度数率・・・・・・・・・・・・・・・・・・・・・・・208	廃棄物データシート・・・・・・・・・・・・・・・99
特管物・・・・・・・・・・・・・・・・・・・・・11, 15	廃棄物の処理及び清掃に関する法律
豊島事件・・・・・・・・・・・・・・・・・・・・・196	・・・・・・・・・・・・・・・・・・・・・・・・90, 220
ドラム缶・・・・・・・・・・・・・・26, 29, 30	廃酸・・・・・・・・・・・・・・・・・・・13, 16, 62
取り消し処分・・・・・・・・・・・・・・・・・・206	廃止・・・・・・・・・・・・・・・・・・・・・・・・・205
取り消し処分件数・・・・・・・・・・・・・・・207	排出者・・・・・・・・・・・・・・・・・・・・・・・230
トレーサビリティ・・・・・・・・・・・・・・・・83	ばいじん・・・・・・・・・・・・・・・・13, 16, 56
トロンメル・・・・・・・・・・・・・・・・・・・・・39	廃水銀等・・・・・・・・・・・・・・・・・・・・・155
	廃プラスチック類・・・・・・・・・・・・・13, 64
■ ナ行	廃油・・・・・・・・・・・・・・・・・・・13, 16, 60
二次マニフェスト・・・・・・・・・・・・・・・115	破砕・・・・・・・・・・・・・・・・・・・・・・・・・32
日本環境安全事業・・・・・・・・・・・・・・・224	パッカー車・・・・・・・・・・・・・・・・・・・・・28

半湿式選別機・・・・・・・・・・・・・・・・・・・・・・・・ 38
反毛・・・・・・・・・・・・・・・・・・・・・・・・・・・・・・・・ 70
光分解法・・・・・・・・・・・・・・・・・・・・・・・・・・・・ 87
飛散性アスベスト・・・・・・・・・・・・・・・・・・・・ 84
非飛散性アスベスト・・・・・・・・・・・・・・・・・・ 85
表面溶融炉・・・・・・・・・・・・・・・・・・・・・・・・・・ 44
平ボディ車・・・・・・・・・・・・・・・・・・・・・・・・・・ 28
肥料化・・・・・・・・・・・・・・・・・・・・・・・・・・・・・・ 72
フィルタープレス・・・・・・・・・・・・・・・・・・・・ 34
風力選別機・・・・・・・・・・・・・・・・・・・・・・・・・・ 38
複式加圧脱水機・・・・・・・・・・・・・・・・・・・・・・ 35
普通産廃・・・・・・・・・・・・・・・・・・・・・・・・・・・・ 15
不法投棄監視パトロール・・・・・・・・・・・・ 200
不法投棄件数・・・・・・・・・・・・・・・・・・・・・・ 186
不法投棄実行者・・・・・・・・・・・・・・・・・・・・ 190
不法投棄廃棄物の種類・・・・・・・・・・・・・・ 189
不法投棄抑止手段・・・・・・・・・・・・・・・・・・ 201
不法投棄量・・・・・・・・・・・・・・・・・・・・・・・・ 186
浮遊物質・・・・・・・・・・・・・・・・・・・・・・・・・・・・ 41
ブラウン管テレビ・・・・・・・・・・・・・・・・・・ 230
プラスチック製容器包装・・・・・・・・・・・・ 229
プラスチックドラム・・・・・・・・・・・・・・・・・・ 30
プラスチック容器・・・・・・・・・・・・・・・・・・・・ 30
プラズマ分解法・・・・・・・・・・・・・・・・・・・・・・ 87
プラズマ溶融炉・・・・・・・・・・・・・・・・・・・・・・ 45
フレキシブル・コンテナ・・・・・・・・26, 30
フロン類・・・・・・・・・・・・・・・・・・・・・・・・・・ 236
ペットボトル・・・・・・・・・・・・・・・・・・・・・・ 229
変更許可・・・・・・・・・・・・・・・・・・・・・・・・・・ 204
報告徴収・・・・・・・・・・・・・・・・・・・・・・・・・・ 169
ボーキサイト・・・・・・・・・・・・・・・・・・・・・・・・ 74
保管基準違反への措置命令規定の補正
・・・・・・・・・・・・・・・・・・・・・・・・・・・・・・・・・・ 145
ポリ塩化ビフェニル・・・・・・・・・・・・・・・・・・ 86
ポリ塩化ビフェニル廃棄物の適正な処理の
推進に関する特別措置法・・・・・・・・・・・・ 224

マ行

マイクロ波溶融炉・・・・・・・・・・・・・・・・・・・・ 45
マテリアルリサイクル・・・・・・・・・・・・・・・・ 64
マニフェスト・・・・・・・・・・・・・・・・・ 90, 110
マニフェストA票の保存・・・・・・・・・・・・ 140
マニフェスト交付実績報告・・・・・・・・・・ 141
マニフェスト制度・・・・・・・・・・・・・・・・・・ 113
マニフェストの運用義務違反に対する罰則
強化・・・・・・・・・・・・・・・・・・・・・・・・・・・・・・ 145
三重県四日市市不法投棄事件・・・・・・・・ 197
メタン発酵・・・・・・・・・・・・・・・・・・・・・・・・・・ 73
燃え殻・・・・・・・・・・・・・・・・・・・ 13, 16, 56
元請業者・・・・・・・・・・・・・・・・・・・・・・・・・・ 136

ヤ行

薬剤固化・・・・・・・・・・・・・・・・・・・・・・・・・・・・ 43
屋根瓦・・・・・・・・・・・・・・・・・・・・・・・・・・・・・・ 77
有害廃棄物の国境を越える移動及びその処
分の規制に関するバーゼル条約・・・・・ 222
油化・・・・・・・・・・・・・・・・・・・・・・・・・・・・・・・・ 65
油水分離施設・・・・・・・・・・・・・・・・・・・・・・・・ 40
容器包装に係る分別収集及び再商品化の促
進等に関する法律・・・・・・・・・・・・・・・・・・ 228
容器包装リサイクル法・・・・・・・・・・・・・・ 228
溶融・・・・・・・・・・・・・・・・・・・・・・・・・・・44, 57
流動床炉・・・・・・・・・・・・・・・・・・・・・・・・・・・・ 37
料金・・・・・・・・・・・・・・・・・・・・・・・・・・・・・・ 175
レアメタル・・・・・・・・・・・・・・・・・・・・・・・・・・ 75
冷蔵庫・・・・・・・・・・・・・・・・・・・・・・・・・・・・ 230
冷凍庫・・・・・・・・・・・・・・・・・・・・・・・・・・・・ 230
労働安全衛生マネジメント・・・・・・・・・・ 209
ロータリーキルン・・・・・・・・・・・・・・・・・・・・ 37

【著者紹介】

尾上　雅典（おのえ　まさのり）

行政書士エース環境法務事務所代表　行政書士

兵庫県で産業廃棄物の規制業務などに従事した後、2005年退職、行政書士事務所を開業。現在は、「実務と行政の考え方の両方に精通した法務アドバイザー」として、講演や法務相談の依頼が全国各地から届いている。

無料メールマガジン「よく分かる！！廃棄物問題」を2005年から発行中
http://www.mag2.com/m/0000168298.html

廃棄物管理の実務的ポイントや法改正情報等を、下記ブログで公開中
「廃棄物管理の実務」
http://www.ace-compliance.com/blog/

図解入門ビジネス
最新 産廃処理の基本と仕組みがよ～くわかる本［第3版］

発行日	2018年　8月10日	第1版第1刷
	2025年　2月19日	第1版第7刷

著　者　尾上　雅典

発行者　斉藤　和邦

発行所　株式会社　秀和システム
　　　　〒135-0016
　　　　東京都江東区東陽2-4-2　新宮ビル2F
　　　　Tel 03-6264-3105（販売）　Fax 03-6264-3094

印刷所　三松堂印刷株式会社　　　　Printed in Japan

ISBN978-4-7980-5503-9 C2034

定価はカバーに表示してあります。
乱丁本・落丁本はお取りかえいたします。
本書に関するご質問については、ご質問の内容と住所、氏名、電話番号を明記のうえ、当社編集部宛FAXまたは書面にてお送りください。お電話によるご質問は受け付けておりませんのであらかじめご了承ください。